Der Moselwein

von

Dr. Carl Graff

Lithographie v. Baudnep Wassermann in Bonn — G. Osterwald fec.

Vorwort.

Es ist immer ein gewagtes Unternehmen, wenn ein Arzt, der sich kaum auf eine fünfjährige Erfahrung stützen kann, es unternimmt, die Tugenden eines Weines in diätetischer und heilkundiger Hinsicht, der ärztlichen und nichtärztlichen Welt anzupreisen.

Der Moselwein, ein in vieler Hinsicht im gesunden Zustande des Menschen schätzbares Getränk, im kranken ein wohlthätiges Heilmittel, wurde bisher auf eine höchst unverdiente Weise herabgewürdigt, und ich habe daher um so mehr versucht, seinen im Lande erworbenen und bekannten, vortheilhaften Ruf zu rechtfertigen und bekannt zu machen, indem meines Wissens noch niemand, an Kenntniß und Erfahrungen über diesen Gegenstand wohl reicher als ich, sich unterzog, auf eine dessen würdige, und in der Erfahrung begründete Weise, mir hierin zuvorzukommen, und es doch auch dem Arzte vor Andern zusteht, über die Eigenschaften eines Weines, der in seiner Gegend erzogen und allgemein genossen wird, zu urtheilen. Auf diese Gründe gestützt, gebe ich hier das Resultat meiner Forschungen über diesen Gegenstand, und benutze dabey die Erfahrungen fremder Aerzte und die bestätigenden Mittheilungen einiger älteren, collegialischen Freunde. Ich wünsche, daß es mein Bestreben, etwas zur nähern Kenntniß und verdienter Beachtung des edlen Moselweines beyzutragen, einigermaßen rechtfertigen möge, welches ich immerhin als einen Versuch anzusehen bitte.

Wenn manche Abschnitte z. B. der, welcher von der Wirkung des Weines im Allgemeinen handelt, etwas weitläuftiger ausgeführt sind, so geschah es hauptsächlich für den nichtärztlichen Leser, welchem dieses Büchlein zum Theil bestimmt ist.

Trarbach im September 1821.

K. Graff.

Einleitung.

Zu einer gründlichen Betrachtung der guten oder schlechten Eigenschaften eines Weines ist es durchaus nothwendig, daß man in den Gegenden, wo derselbe am allgemeinsten und beständigsten genossen wird, seine Einwirkung auf den Menschen beobachtet habe, daß man die Volkserfahrungen dabey zu Rathe ziehe, und das mit Unbefangenheit erworbene Resultat mit andern Orten in Vergleichung setze, wo diese Verhältnisse nicht Statt finden. — Hauptsächlich nur durch diese leitenden Grundsätze ist es möglich und der wahren Erfahrung ersprießlich, die Schilderungen zu entwerfen, welche er durch seine Eigenthümlichkeiten verdient. Sie gelten alsdann mehr als chemische Analysen, welche die durch die Natur gegebene innige und feine Mischungen zerstören, mehr als alle noch so fleißigen und geschickten Bemühungen, durch Vergleichung einzelner sinnlicher Eigenschaften des Weines, z. B. durch Geruch und Geschmack, Schwere und dergl. demselben im Voraus seinen Werth oder Unwerth zu bestimmen, mehr als jene trüglichen Meinungen durch Erfahrungen von einzelnen schlechten Weinsorten erzeugt, welche ohne weitere Rücksichten dasjenige am Ganzen tadeln, wozu sie nur am Einzelnen das Recht hatten.

In den vielen und trefflichen Schriften, welche den Wein als Getränk oder Heilmittel abhandeln, muß es daher jeden Kenner befremden, bey der Classification der einzelnen Arten derselben, den Moselwein im Allgemeinen theils nur obenhin berührt, theils geradezu unter die schlechteren und schlechtesten Weine gerechnet, oder endlich gar übergangen zu sehen, da doch unendlich viele bessere Sorten desselben, ungerechnet die guten allgemeinen Eigenschaften, wodurch sie mit andern edlen Weinen wetteifern, ganz allein schon durch mehrere Eigenthümlichkeiten, die sie sehr vortheilhaft auszeichnen, verdienen, ihren Rang unter den bessern teutschen Weinen einzunehmen.

Daß es im Allgemeinen sehr schwierig sey, von einem Weine zu reden, der in einer ausgebreiteten Gegend wächst, fällt von selbst in die Augen, wenn man die Verschiedenheit des Bodens, der Lage desselben gegen die Sonne, der Traubengattungen, des Anbau's und der Behandlung der Weinberge, Reben, Trauben und ihres Mostes betrachtet, welches Alles den größten Einfluß auf den daraus gewonnenen Wein haben muß. Am meisten aber bestimmt die Witterung des Jahres die Güte des Weines, wodurch denn eigentlich jeder Jahrgang seine besondere Bedeutung in seinen Eigenthümlichkeiten erhält, durch welche er sich von den frühern Jahrgängen manchmal so sehr unterscheidet, daß man öfters den unter gleichen übrigen Verhältnissen aus denselben Weinbergen erzogenen Wein nicht wieder erkennt. Hiervon hängt es denn auch ab, daß in manchen Jahren in sonst gewöhnlich sehr schlechten Lagen Weine gewonnen werden, welche den in den besten gewachsenen von demselben Jahrgange an die Seite gestellt werden können, und daß ferner der Moselwein in manchen Jahrgängen sich außer seinem gewöhnlichen Verhältnisse zum Rheinwein, durch Güte und Menge oft ganz unverhältnißmäßig vortheilhaft vor demselben auszeichnet. Dasselbe gilt von den in demselben Jahre gewachsenen rothen und weißen Weinen unter sich.

Da es nun aus leicht begreiflichen Ursachen nicht wohl möglich ist, den Wein eines jeden Jahrganges insbesondere nach allen seinen Eigenheiten, noch weniger aber die Kräfte des Weines einzelner Orte oder Lagen abzuhandeln, so beschränke ich mich blos darauf, die Eigenschaften der guten Moselweine im Allgemeinen zu betrachten und die Orte ihrer Erzeugung sammt den ihnen durch die Natur geschenkten Eigenthümlichkeiten, so weit sie uns bekannt sind, und unserem Zwecke entsprechen, nach den angegebenen Grundsätzen mitzutheilen, und mich dabey ganz allein an die auf allgemeine oder besondere richtige Beobachtungen gestützte Erfahrung fest zu halten.

Vaterland und Reben des Moselweins.

Der Landstrich, auf dem die Reben wurzeln, welche den guten Moselwein liefern, liegt unter 50′2″ nördl. Breite, 24′45″ südl. Länge im Großherzogthum des Niederrheins, größtentheils in dem Regierungsbezirke Trier, weniger in dem von Coblenz, in einer Länge von ohngefähr 11 Stunden ausgedehnt, und in einer Gegend, welche zu den reizendsten Teutschlands gehört, welche der in Bordeaux geborne Ausonius in seiner Mosella schon im vierten Jahrhunderte dichterisch besingt *).

Die Weinberge sind sehr steil, bey weitem die meisten auf Schieferboden angelegt, doch haben auch wenige Berge rothen Eifeler Boden. Sie liegen meistens

---

*) V. 11. edit. Tross, Hamm 1821.

Purior hic campis aër, Phoebusque sereno
 Lumine purpureum reserat jam sudus Olympum.
Nec jam, consertis per mutua vincula ramis,
 Quaeritur exclusum viride caligine coelum:
Sed liquidum jubar, et rutilam visentibus aethram
 Libera perspicui non invidet aura diei.
In speciem quum me patriae, cultumque nitentis
 Burdigalae, blando pepulerunt omnia visu;
Culmina villarum pendentibus edita ripis,
 Et virides Baccho colles, et amoena fluenta
Subter labentis tacito rumore Mosellae.

Salve amnis laudate agris, laudate colonis!
Dignata imperio debent cui moenia Belgae:
 Amnis odorifero juga vitea consite Baccho,
Consite gramineas amnis viridissime ripas —

dann, nachdem er die Fische der Mosel gemustert, v. 152:
 Inducant aliam spectacula vitea pompam,
Sollicitentque vagos Baccheïa munera visus:
 Qua sublimis apex, longo super ardua tractu,
Et rupes, et aprica jugi, flexusque, sinusque,
 Vitibus adsurgunt, naturalique theatro.

und endlich v. 189.
 Illa fruenda palam species cum glaucus opaco
Respondet colli fluvius: frondere videntur
 Fluminei latices, et palmite consitus amnis.
Quis color ille vadis, seras cum protulit umbras
 Hesperus, et viridi perfundit monte Mosellam!
Tota natant crispis juga motibus et tremit absens,
 Pampinus, et vitreis vindemia turget in undis.

ganz nah an der Mosel, welches durch die starke Reflexion der Sonnenstrahlen vom Wasser und dessen beständige Zersetzung der stärkern Reifung der Trauben sehr zu gut kommt. Ein wesentlicher Nachtheil aber, welchen die den nicht sehr breiten Fluß einfassenden Berge in Bezug auf die Güte des Weines verursachen, besteht darin, daß sie durch die Natur zu nahe zusammengeschoben sind, welches besonders von den Seitenthälern gilt, und der stärkern Einwirkung des Lichtes und folglich auch der Wärme der Sonnenstrahlen im Wege steht. Deshalb finden wir auch da die besten Weine, wo dies weniger der Fall ist. Diese einzelnen Gebürge haben insgesammt sehr verschiedene Lagen gegen die Sonne, von welchen jedoch die auf dem südlichen und südwestlichen Abhange steiler Berge, wie fast überall den besten Weinbergen angehören, indem sie für unsere Gegenden die Sonnenstrahlen mehr in einer senkrechten als wagerechten Fläche und den ganzen Tag hindurch, vorzüglich aber die stärkste Mittagssonne empfangen.

Es giebt im Allgemeinen zweyerley Reben, von welchen der Moselwein gewonnen wird, die Rießling- und Kleinbergrebe. Erstere ist wieder nach dem Traubenstiele in den roth- und grüngestielten Rießling unterschieden worden, von welchen dieser der beste, und daher obgleich er weniger Wein giebt, am meisten zum Anbau zu empfehlen ist. Nur bleibt es zu bedauern, daß dessen Rebe weniger tiefe Wurzeln, als die des ersteren schlägt, und hauptsächlich deswegen nicht so viele Jahre vegetiren kann. Auch pflegen ihm die Frühlings- und Herbstfröste weit gefährlicher zu werden.

Der Wein aus Rießlingtrauben bleibt an der Mosel, wie überall, wo sie reifen, der beste, und überwiegt, wo nicht an Menge, doch sicher an allen andern guten Eigenschaften bey weitem den auf Kleinbergreben erzogenen, was nicht nur durch einzelne Weinberge sondern durch die ganzer Ortschaften, welche mehr Rießlinge pflanzen als andere, selbst benachbarte, durchaus bestätigt wird; wie wir in der Folge noch näher sehen werden. — Der gutmüthige Johann Hofmann, welcher im Jahr 1654 von Giessen als Rector des Gymnasiums nach Trarbach berufen, und nachdem er dort 13 Jahre lang geblieben war, diese Stadt und ihre Umgegend aus Dankbarkeit gegen sie in einem eigens dazu geschriebenen Buche*) beschrieben hatte, spricht, indem er an den Weinbau kommt, Folgendes von den Rießlingen: «Was den Saamen oder die Art der Trauben anbelangt, welche da herum hoch gehalten und den andern vorgezogen werden, so geben die Moselbewohner den Preiß ihren Rüßlingen, welche gar kleines Beergewächs haben, und wegen des lieblichen Geruchs und Geschmacks, der es oftmals den Muscatellern gleich oder zuvor thut, mit gutem Fug Rößling genennt werden mögen. — Neben dem Rüßling findet sich eine andere Traubenart, Klemmbeer (Kleinbergtraube) genannt, so ein merkliches größer ist, und sehr viel Wein giebt, dem Rüßlingwein aber an der Kraft und Güte bey weitem nicht mag gleichen, weswegen er auch um Trarbach her, in keiner Menge gepflanzt wird.»

Es wäre daher sehr zu wünschen, daß der Anbau der Rießlingreben, welcher an vielen Orten aus schäd-

*) Trarbachische Ehrensäul ꝛc. p. 419 Stuttgard 1669.

licher Sucht, vielen Wein zu erhalten, bisher zum großen Nachtheil vieler Weine, dem der Kleinbergreben hintangestellt wurde, in Zukunft wiederum seine verdiente Würdigung erhalten möchte, indem seiner Verbreitung an allen Orten gar nichts im Wege steht, und in denjenigen Weinbergen an der Mosel, wo der Rießling nicht gedeiht, auch nür schlechte Kleinbergtrauben reifen, wodurch der Wein denn natürlich noch um so schlechter werden muß, als diese Sorten von Trauben dem Rießling in allen güten Eigenschaften weit nachstehen.

Es ist daher wirklich sehr erfreulich, daß seit zwanzig Jahren mehrere Besitzer bedeutender Weingüter diesem Gegenstande ihre vollkommene Aufmerksamkeit gewürdigt haben, und in ihren Bemühungen, reine Rießlingweine zu erzielen, in jedem Betracht oft über alle Erwartung mit dem besten Erfolge belohnt wurden. Die Auszeichnung ihrer zugleich durch den sorgfältigsten Anbau ihrer Weinberge erhaltenen vortreflichen Rießlingweine hat denn auch schon häufig die gute Folge nach sich gezogen, daß man ihnen an vielen Orten in allen Stücken nachzuahmen sich bestrebte, wodurch der Moselwein denn endlich bald zu einer weit höhern Stufe von Vollkommenheit gelangen muß und hoffentlich erhoben wird, welches bisher auch schon dadurch in hohem Maaße geschah, daß die Weingüter der ehemaligen Klöster und beträchtlicher Domänen, welche, wie begreiflich überall die besten waren, nach der französischen Revolution in die Hände der eigentlichen Weinbauern übergiengen, und mit ihnen zugleich das Interesse, sie für den eigenen Keller zu veredlen, wodurch denn auch der Grundstein des Wohlstandes der Einzelnen sowohl, als ganzer Ortschaften gelegt war.

Die Hauptbestandtheile des Weines im Allgemeinen.

Der Wein ist das bekannte geistige Product der Gährung des Traubenmostes, von einem nach den verschiedenen Arten der Trauben und ihres Anbaus, des Clima's, dem Jahrgang seiner Erzeugung, der Behandlung verschiedenen Geruch und Geschmack, der jedoch etwas Gemeinschaftliches hat, was man den Weingeruch und Geschmack nennt. Für diese gemeinschaftliche Eigenschaft giebt es keinen eigentlichen, näher bezeichnenden Ausdruck; sie läßt sich daher auch weniger näher beschreiben, als riechen und schmecken. Am nächsten bezeichnet sie noch das Wort weinigt, besser noch das lateinische vinosum, das französische vineux. Dieses weinigte, weinhaltige Prinzip begründet das eigentliche Wesen des Weines, d. h. der Wein ist blos durch dasselbe Wein. Man findet es am deutlichsten in den besten Rhein- und Moselweinen entwickelt, in welchen es nach einem eigenen sehr angenehm säuerlichen, geistigen Geschmacke hinneigt, der aber keineswegs eigentlich sauer schmeckt, und nur dann entsteht, wenn alle Bestandtheile des Weines unter den günstigsten Einwirkungen der Natur so zusammengemischt sind, daß durch keinen derselben das entwickeltste Hervortreten desselben unterdrückt wird. In seiner Reichhaltigkeit erkennt man daher das Vorhandenseyn und die innige Mischung aller zu einem guten Weine erforderlichen Bestandtheile, und von ihm wird daher wohl auch von manchen Schriftstellern in gutem Sinne geredet, welche behaupten: der Wein müsse Säure haben.

Der Wein im Allgemeinen giebt bey der Destillation Weingeist, enthält dabey mehr oder weniger Wasser, freye Säure, und zwar Essigsäure, Weinsteinsäure, Aepfelsäure, Weinstein, Extractivstoff und färbende Materie, manchmal noch Zucker, Gummi, Colla u. s. f.

Von dem verschiedenen Verhältnisse dieser Stoffe hängt die mannigfaltige Verschiedenheit der Weine ab. Der Most enthielt schon dieselben Stoffe, nur noch nicht Alkohol und mehr Schleimzucker, weil aus demselben der Alkohol entsteht.

Außerdem besitzt der Wein noch von der Gährung zurückbehaltene Kohlensäure und einen Riechstoff (principium odorum) von sehr verschiedener Art, der wahrscheinlich aus mehreren flüchtigen Grundstoffen der Vegetabilien, Wasserstoff, Schwefel, Phosphor, Oxygen in verschiedenem Verhaltniß zusammengesetzt ist, und der mannigfaltige verschiedene Geruch der Pflanzen und ihrer Producte hangt aber davon ab, welche jener Grundstoffe und in welchem Verhältnisse sie in dem aus den Pflanzentheilen sich entbindenden Riechstoffe enthalten sind. Es giebt also eigentlich nach dieser Verschiedenheit vielerley Riechstoffe. Dieser Riechstoff nun, der höchstwahrscheinlich wie bey andern Früchten, so auch bey den Trauben in deren Hülsen seinen Erzeugungs- und Aufbewahrungsort findet, ist bey den meisten guten Weinen vorzüglich aromatischer Art, und besteht meist aus einem Zusammentreten gewisser, durch den Geruch und Geschmack nicht deutlich zu bestimmender gewürzhafter Theile, ist aber auch oft distinct aromatischer Natur, schmeckt z. B. nach Zimmt, Nelken,

Muscat. Aber nicht immer ist er von dieser angenehmen Art, sondern enthält oft manche dem Geruchs- und Geschmacksorgan widerliche Theile. Diese unangenehmen Modificationen hängen manchmal von der Art des Bodens, des Düngens und anderer sehr oft nicht zu errathender Einflüsse ab, wie z. B. der Böckser-geschmack.

Gehen wir nun ferner die einzelnen Bestandtheile des Weines durch, so finden wir, daß die Größe seines Alkoholgehaltes als Hauptproduct der Gährung die Stärke des Weines bestimmt. Der Alkohol ist aber als solcher nicht frey im Weine, sondern mit den übrigen Bestandtheilen des Weines in der innigen natürlichen Weinmischung so vereinigt, daß er gar nicht in seinen Eigenthümlichkeiten hervortreten kann.

Zu dieser genauen Vereinigung scheinen besonders die vegetabilischen Säuren und der Weinstein *), welche durch die chemische Analyse aus dem Weine erhalten werden, mitzuwirken, und dem Weine, — wenn anders ein Vergleich desselben mit einem Kunstproducte zulässig ist, — dasjenige Verhältniß seiner Bestandtheile mitzutheilen, welches man dem Punsche, damit der Alkoholgehalt nicht hervorsteche, durch einen verhältnißmäßigen Zusatz von Citronsäure und ähnlichen Substanzen, die hingegen als solche ebenfalls nicht vorschmecken dürfen, anzueignen sucht.

Dieses zum ächten, in dem angegebenen Sinne

---

*) Nach Chaptal befördert der Weinstein sogar die Gährung und trägt das Seinige dazu bey, die Zerlegung des Zuckers vollständiger zu machen. S. Chaptal über den Bau, die Bereitung rc. der Weine. Uebersetzt von Böckmann 2te Aufl. Karlsruhe 1806. p. 100 u. f.

angenehm säuerlichen Weingeschmacke erforderliche Verhältniß wird in unserem Clima nur in guten Jahren erzeugt, wenn alle Trauben so reif werden, daß der daraus gekelterte Most die Fähigkeit erlangt, jene innige vollkommene Weinverbindung einzugehen, in welcher die Säure im unangenehmen Sinne des Wortes, die von dem ächten Weingeschmacke sehr zu unterscheiden ist, und ihn sogar in Weinen von schlechten Jahrgängen verdrängt, nicht bedeutend vorschlägt.

Die Hauptvehikel zur Bildung des Alkohols aus dem Moste sind nun diejenigen Bestandtheile desselben, welche seinen Zucker als Schleimzucker (materia gummoso-saccharina) constituiren, der nach Hildebrandt's *) Meinung kein besonderer Stoff, sondern aus Zucker mit Gummi und Colla gemischt zu bestehen scheint, denn durch ihn allein wird der Most zur Weingährung geschickt, indem reiner Zucker mit Wasser allein zur Gährung nicht fähig ist. Der Zucker wird also hauptsächlich durch Gummi vielleicht noch durch Eyweißstoff und Colla zu Schleimzucker.

Die Trauben südlicher Climate haben so viel Zucker, daß nach vollendeter Gährung noch beträchtlich viel Zucker übrig bleibt, daher wegen der vorherrschenden Süße und dem Mangel der vegetabilischen Säuren in denselben der nach unseren Begriffen angegebene, eigentliche Weingeschmack größtentheils oder gar nicht zum Vorschein kommt. Es darf daher ihr Geschmack im Vergleichen mit unsern Weinen nicht als Norm angenommen werden, und wenn man die Benennung «süßer Wein» beym Moseler in gutem Sinne gebraucht,

*) Encyclopädie der Chemie VII §. 1612.

so wird dadurch blos die Abwesenheit einer freyen, unangenehmen oder prädominirenden Säure bezeichnet.

Jene meist durch Trocknen der Trauben, Eindickung des Mostes, Weingeistzusatz u. s. w. gekünstelten süßen Liqueurweine widerstehen dann durch ihren reichen Zuckergehalt auch leichter als Mosel- und Rheinweine, und berauschen vermöge ihres stärkern und freyern Alkoholgehaltes mehr wie diese, weil derselbe die übrigen säuerlichen Bestandtheile, welche ihn in unsern Weinen gleichsam in den Weingeschmack mit hereinziehen, in jenen südlichen nicht findet, daher ungebundener ist; denn der viele in ihrer Gährung erzeugte Geist hemmt die völlige Zersetzung des Zuckerstoffes, so wie es denn auch durch die Erfahrung dargethan ist, daß der Zusatz von Weingeist zum Moste die zur Weinerzeugung nothwendige Gährung hindert. Sie haben deswegen weniger Weinstein, weil dessen Weinsteinsäure bey der vollkommenen Reifung sich größtentheils in Zucker verwandelt hat, auch behalten sie nach vollendeter Weingährung weniger, weil sie weniger Wasser haben, folglich nicht so viel Weinstein aufgelößt behalten können

Dann folgt der Extractivstoff, vielleicht der einzig färbende Stoff, welchen der meiste weiße Wein wohl in geringer Menge besitzt. Er scheint ein Educt hauptsächlich der Schaalen, auch des Markes, der Kerne und Kämme der Weinbeeren zu seyn, und dem Weine seine Farbe, so wie auch den bitterlichen Geschmack, der sich öfters anfangs darin findet, mitzutheilen, und zu einer bessern Haltbarkeit vieles beyzutragen. Beym Zutritt der Luft zieht er Oxygene an, und ist wohl alsdann in dieser Verbindung am meisten schuld, daß der Wein sich höher färbt und die nachtheilige Mischungsveränderung eingeht, welche man das Rahmwerden heißt, welches die Haltbarkeit des Weines in hohem Grade gefährdet. Daß aber dieser aus den Schaalen, Marke und Kämmen der Trauben hauptsächlich durch das Auskeltern dem Weine mitgetheilte Extractivstoff sehr wesentlich zur Haltbarkeit, folglich auch zur Güte vieler Moselweine, besonders der minder edeln beytrage, darüber haben vielfältige an der Mosel gemachte Erfahrungen entschieden, wovon ich nur eine anführen will.

Ein Weingutsbesitzer an der Mosel hatte für fünf Fuder Trauben gewonnen. Um einige Fuder ganz vorzüglich zu machen, ließ er den ohne starkes Keltern ablaufenden Most in drey besondere Fuderfässer füllen; die übrigen zwey Fuder wurden aus dem Rückstande derb herausgekeltert. Der Wein von ersteren schmeckte anfangs vortreflich, der andere stark herb und bitter. Allein was geschah? Nach Jahresfrist gieng der vorher so angenehme Wein gewaltig zurück, blieb zwar süß aber schwach und geistlos, der muthmaßlich schlechte, vorher so bittere gewann aber eine solche Stärke und lebhafte Weingähre, daß jener sich in keinem Betracht der Güte mehr mit diesem vergleichen ließ, und deshalb nicht gut verkauft werden konnte.

Auch ergiebt es sich aus den Erfahrungen von Gentil, daß die Gährung stärker und regelmäßiger von Statten gehe, wenn der Most mit den Kämmen vermengt war, als wenn die Trauben abgebeert werden, und daß man also in dieser Rücksicht die Traubenkämme als ein vortheilhaftes Gährungsmittel in allen den Fällen ansehen könne, wo sonst eine langsame Gährung zu befürchten wäre. Labadie hält die

Kämme auch für ein Mittel, die Gährung zu befördern und Davanzati und mit ihm Fabbroni stimmen ihm bey *). Es ist gewiß sagt Chaptal, daß die Kämme weder den Zuckergehalt noch das Gewürzhafte vermehren, und folglich in dieser Rücksicht, durch ihre Bestandtheile weder zum Geist noch zum Aroma des Weines etwas beytragen; allein sie können, wie schon gesagt, die geringe Herbe bey verschiedenen Weinen, die Schwäche derselben vortheilhaft verbessern; und da sie überdies die Gährung erleichtern, so wird der Most dadurch vollkommner zersetzt, und folglich die größtmöglichste Menge Alkohol erzeugt **).

Zufolge dieser Gründe ist denn auch das von Löbenstein Löbel aus Gren's Handbuch der Pharmakologie angezogene Citat, nach welchem der Wein um so geistreicher und vollkommner werden soll, je weniger das Auszugartige der Kämme, Häute und Kerne damit vermischt werde, zu beachten, und die von Ritter ***) geäußerte Furcht: daß die Kohlensäure außer dem Riechstoffe auch noch manche erdige Theile aus den Häuten und adstringirendes Prinzip, Gerbestoff, Säure aus den Kämmen beweglich machen, und dem werdenden Weine zumischen möge, wodurch dessen Wohlgeschmack, Güte und vielleicht auch seine künftige Haltbarkeit gefährdet werden könnte — wird ganz unnöthig, wenn man bedenkt, wie sehr die auch von ihm zugestandene Rappengährung zur Vermehrung des Riechstoffes der Stärke und Haltbarkeit des Weines

*) Chaptal a. O. p. 61. u. f.
**) a. O. p. 63. u. f.
***) Weinlehre, Mainz 1817. p. 58.

beyzutragen vermag, und wie wenig temporär derselbe durch die mitgetheilten herben Stoffe, welche nachher aus ihm wieder verschwinden, beeinträchtigt wird.

Die chemischen Bestandtheile des Moselweines.

Obgleich die chemische Analyse, wie wir wissen, wenig oder oft gar keinen Aufschluß über die Einwirkung der natürlichen Gesammtmischung eines Weines auf die Gesundheit des Menschen zu geben, sondern blos allein die Art und Menge seiner Stoffe größtentheils darzustellen vermag, so ist es doch nicht ohne einiges Interesse und zu unserer Betrachtung auch einigermaßen nothwendig, den Gegenstand derselben in seine einzelnen Bestandtheile getrennt, zu überblicken. Ich theile daher zu diesem Entzwecke die von dem Hrn. Apotheker C. Pfeiffer in Trarbach mit vielem Fleiße und Geschicklichkeit aufgefundenen Resultate einer mehrfach wiederholten chemischen Analyse des Obermoselweines in skizzirter Darstellung mit, welche unseres Wissens alle bisherigen Untersuchungen der Weine an Vollständigkeit übertrifft, und uns sowohl in Hinsicht der Bestandtheile des Moselweines, als auch seiner Verhältnisse gegen andere Weine großen Aufschluß giebt, wie wir in der Folge sehen werden.

Hundert Unzen guten Pisporter Weines vom Jahr 1819 enthielten:

an Destillaten:

	Unzen,	Drachmen,	Grane.
1. Absoluten Alkohol	5 —	1 —	6
Mit diesem gieng der durch Geruch und Geschmack sehr stark wahrnehmbare Riechstoff über.			

	Unzen,	Drachmen,	Grane.
2. Essigsäure, concentrirte . .	—	1	40
3. Wasser.			
an fixern Bestandtheilen:			
4. Reinen krystallisirten Weinstein	—	1	48
5. Weinsteinsaure Kalkerde . .	—	—	4
6. Gummi	—	—	18
7. Aepfelsaure oder essigsaure Talkerde	—	1	40
8. Salzsaure Thonerde	—	—	22
9. Schwefelsaures Kali	—	—	20
10. Aepfelsäure (fähig ein Drittheil halb-kohlensaures Kali zu sättigen)	—	2	—
11. Weinsteinsäure	—	—	40
12. Der mit sehr wenigem Zuckerstoff verbundene und in Wasser und Weingeist gleich auflösliche Extractivstoff wog in dicker Extractform	—	6	22

Die Hauptmomente des bey dieser Analyse sowohl als auch bey vielen andern beobachteten Verfahrens waren kürzlich folgende:

Um den Weingeistgehalt zu bestimmen, wurden mehrere Arten Moselweine in wohllutirten Glasgefäßen so lange es nöthig war, zur Destillation gebracht, und die erhaltenen geistigen Destillate auf dem 40 gradigen Weingeistaräometer von Beck, auf welchem jeder Grad von 0 aufwärts 2 1/2 pr. Cent. absoluten Alkohol mehr anzeigt, gewogen, und demnächst durch die in dem Verhältniß der erhaltenen Menge geistiger Flüssigkeit zu den bestimmten Graden der Alkoholgehaltprocente berechnet. — Auf diese Weise lieferten die besten Weine der Obermosel vom Jahr 1819 5 1/10 bis 5 5/10 pr. Cent. Alkohol; andere Sorten von mittlerer Güte desselben Jahrgangs 4 1/2 bis 5 1/10 pr. Cent. — Weine erster Qualität vom Jahr 1818 4—4 1/2, geringerer Güte 3 — 4 pr. Cent. desselben.

Das mit dem geistigen Destillate vereint übergegebende Weinaroma richtete sich ganz nach der Art und Menge derselben, welche sich im Weine riechen und schmecken ließ, und war nun in einem kleinern Vehikel enthalten, weit deutlicher und stärker den Sinnen bemerkbar, wie im Weine selbst.

Zum Auffinden des Essigsäuregehaltes wurden die Weine bis zur Extractdicke des Rückstandes abdestillirt, und aus der zur Neutralisation des säuerlichen Destillates nöthigen Menge halbkohlensauren Kali's die Quantität einer Essigsäure bestimmt, die 1/3 ihres Gewichtes Kali zur Neutralisation bedarf. Am wenigsten Essigsäure gaben die aus vollen Fässern genommenen guten Weine vom Jahr 1819, mehr aber, wenn die Fässer angebrochen waren, so wie auch in gleichem Verhältnisse der Wein vom Jahr 1818 den vorigen an Essigsäure überwog.

Da das von den Destillationen zurück bleibende Weinextract an den Wänden der Retorte meistens etwas angebrannt, eine theilweise Veränderung seiner Bestandtheile befürchten ließ, so wurden zu den Untersuchungen auf die firern Bestandtheile die Weine in einer porcellanenen Abrauchschaale bey mäßiger Hitze und unter fortgesetztem Umrühren bis zur dünnen Syrupconsistenz abgedampft und durch's Erkalten der weinsteinartige Theil abgeschieden, welcher nun durch

Auflösung und Crystallisation reinen Weinstein mit weniger weinsteinsaurer Kalkerde hergab. — Die stärkern Weine lieferten im Durchschnitt den wenigsten Weinstein.

Das Gummi erhielt man aus den vom Weinsteine befreyten Rückstande des Weinextractes vermittelst der Präcipitation durch Alkohol.

Der aus diesen Extracten durch Aetzammonium erhaltene bedeutende Niederschlag wurde zum kleinsten Theil in kochender Aetzkalilösung aufgelößt und verhielt sich ganz wie Thonerde. Die gleichfalls in denselben enthaltene Talkerde bildete mit Schwefelsäure ein reines Bittersalz. So wurde auch durch die Einäscherung der Weinextracte die Thonerde theils salzsauer, theils rein, die Talkerde aber kohlensauer erhalten.

Das schwefelsaure Kali ließ sich aus den in Asche verwandelten Weinextracten durch Krystallisation vom Kali des Weinsteins trennen.

Die Darstellung der Aepfel- und Weinsteinsäure gelang, indem die abgedampften und vom Weinsteine gereinigten Weine mit reiner Kalkerde neutralisirt und das Kochsalz durch Abdampfen und Alkoholzusatz sämmtlich niedergeschlagen und mit Schwefelsäure zerlegt wurde, wobey durch vorsichtiges Abdampfen der abgeschiedenen Pflanzensäuren die Weinsteinsäure sich in Krystallform von der Aepfelsäure trennte. Letztere konnte aber nie frey von färbendem Stoffe dargestellt werden.

Obgleich bey den besten Moselweinen vom Jahr 1819 diese Säuren aufgefunden wurden, so findet doch auch hier die Bemerkung wie bey der Essigsäure statt, daß geringere Jahrgänge, z. B. der Wein von 1818 deren in der Regel weit mehr besitzen.

Zuletzt wurde nach der Abscheidung der kalkerdigen Pflanzensäuren, die Extractivstoff und wenigen Zuckerstoff enthaltende geistige Flüssigkeit abgedampft.

Terminologie des Moselweines.

Bevor ich nun zur Classification der Moselweine übergehe, ist es nothwendig, zur Verständigung mancher, für die Bezeichnung einzelner sinnlicher Eigenschaften der Weine gewählter Ausdrücke, welche an der Mosel am gebräuchlichsten sind, eine umständlichere Erklärung zu geben, welche Benennungen, obgleich sie nicht immer die passendsten sind, ohne diese leicht zu Mißverständnissen und Auslegungen Gelegenheit geben könnten, die nicht in dem Sinne der dazu gewählten Worte begriffen sind.

Eine Hauptbezeichnung für den Moselwein ist die **Gähre.**

Ritter, der mit großem Rechte den Unterschied dieses von **Löbenstein Löbel** mit dem Grundgeschmack als identisch angenommenen Ausdrucks gerügt, definirt sie also: daß er die Vereinigung der würzigen Stoffe bezeichne, die man theils durch den bloßen Geruch von außen, und theils dann empfinde, wenn man den Dunst des Weines durch den Rachen von hinten nach den Geruchsorganen treibe. — Diese Definition scheint mir aber noch nicht erschöpfend zu seyn, indem sie blos die angenehme Seite der Gähre und zwar von dieser allein die würzige bezeichnet. Es giebt aber auch noch manche sehr angenehme Gähren, welche keineswegs gewürzhaft riechen oder schmecken, und doch als starke Gähren bezeichnet werden können, wie z. B. die Schiefergähre, welche sich durch einen eigenen balsamischen Geruch und Geschmack zu erkennen giebt, der sich nicht wohl beschreiben, nur schmecken läßt, bey der Destillation wie das Aroma mit dem Weingeist übergeht, und bey dem Moselweine, dem sie vor allen andern Weinen wohl am meisten und angenehmsten angehört, sehr gewünscht wird. Diese Gähre schmeckt aber keineswegs nach Schiefer, so auf die Art, wie man es mit dem Grundgeschmack in Bezug auf den Boden, worauf der Wein gewachsen ist, meint, sondern führt den Namen von dem Gesteine, welches ihrer Erzeugung förderlich ist.

Auch giebt es unangenehme Gähren, wie z. B. die, welche einen Harzgeschmack verräth. Oft werden diese und ähnliche Gähren ganz widerlich, z. B. in solchen Weinen, welche in Weinbergen, die stark mit Schaafmist gedüngt wurden, gewachsen sind.

Der Ausdruck Gähre, welchen Ritter als hauptsächlich nur am Rheine gebräuchlich ausgiebt, umfaßt bey uns in der Obermoselgegend, wo er vielleicht, da alle Weine eine Gähre haben, noch viel häufiger im Gange ist, einen weit ausgedehnteren Begriff, und bezeichnet nach unserer Meinung diejenige Eigenschaft der Weine, welche durch den Riechstoff derselben dem Geruchsorgane mitgetheilt, und beym Kosten des Weines auf eine ähnliche, dem Geruch entsprechende Weise dem Geschmack wahrnehmbar wird. — Diese Aehnlichkeit des Geruchs und Geschmacks der Gähre läßt sich durchgängig beym Weine so deutlich empfinden, wie die Kohlensäure im Mineralwasser sich der Nase und Zunge als ein prickelnder Eindruck mittheilt.

Die Kohlensäure des Moselweines ist in Verbindung mit Alkohol der Träger des Aroma's, denn sie enthält einen beträchtlichen Theil von Alkohol aufgelöst, welcher zugleich mit dem Aroma durch ihre Entweichung verloren geht. Sie ist also ein wesentliches Agens der Gähre, und trägt in der Verschiedenheit ihrer Verbindung mit jenen Stoffen sehr viel zu den Modificationen derselben bey, theilt auch, indem sie allen damit imprägnirten Flüssigkeiten einen säuerlichen Geschmack giebt, dem Moselweine hauptsächlich den angenehm säuerlich grickelnden Geschmack mit *).

Die Gähre nimmt, je nachdem sie mehr flüchtigere oder fixere Stoffe verräth, vorzugsweise bald mehr das Geruchs-, bald aber mehr das Geschmacksorgan in Anspruch, welches natürlich bey jedem Weine eigenthümlich verschieden ist, doch ist die flüchtigere, Riechstoff z. B. aromatische Bestandtheile enthaltende, mehr dem Geruch wahrnehmbar als dem Geschmack, indem sich die feinsten Nuançen ersterem als einem höhern Sinne weit distincter imprägniren als letzterem, der hinwiederum die fixere besser percipirt, z. B. die Schiefergähre in ihren Modificationen weit unterschiedener erkennt.

Hat der Wein einen aromatischen Geruch oder Geschmack, so heißt es, er hat eine Blume, bouquet; er hat Gewürz. Je nachdem sein Riechstoff mehr dem verschiedener Blumen z. B. Grasblume, Reseda, oder sein Geschmack mehr den Nelken, Zimmt, Thymian oder sonst gekräuterten ähnelt, ertheilt man ihm lieber die eine oder die andere Benennung. Diese Eigenschaft wird denn aber auch ganz besonders geschätzt, da sie nie unangenehm ist. Die Gähren der angenehmsten

*) S. Chaptal a. O. p. 110 u. f.

Art sind vorzüglich ein Eigenthum der Rießlingweine. Besonders fein besitzt sie der grüngestielte Rießling; der rothstielige hingegen weit stärker bey geringerer Feinheit.

Schwer nennt man einen Wein, der eine Fülle von Weingehalt in seiner Mischung verräth, indem er solche allen Geschmacksorganen mit vieler Stärke mittheilt, und diesen Eindruck denselben noch lange Zeit hinterläßt.

Leicht ist derjenige, bey welchem das Gegentheil Statt findet.

Fett (weniger schmalzig, ölig) heißt ein Wein, der die Lippen und Zunge mit einem eigenthümlichen schlüpfrigen, glatten, vollen Gefühl überzieht, welches demjenigen ähnelt, welches beym Genuß von fettigen öligen Dingen zurückbleibt. Er ist stets derselbe, nur im Grade verschieden, und von angenehmer Art und guter Bedeutung, indem er nur starken und gehaltreichen Weinen, die in gut gebauten (vorzüglich in stark gedüngten und geschieferten Weinbergen) besonders am Fuße der Berge gezogen werden, angehört. Das Fette im Weine verdeckt dessen Gähre, welche doch darin befindlich seyn kann, und mit der spätern Abnahme jener Eigenschaft gewöhnlich wieder hervortritt. Es kann also auf diese Weise ein Wein gährig werden, welches er früher nicht oder doch in geringem Maaße zu seyn schien. Durch vieles Misten wird der Wein fett, seine Gähre aber unterdrückt.

Fest wird von einem Weine gesagt, wenn seiner Stärke noch ein gewisser Grad von Herbe anhängt, wodurch sie noch nicht so frey und rein für den Geschmack hervortreten kann, als dies in einer gewissen Zeit nachher jedesmal der Fall ist, oder es finden bey einem solchen Weine Kennzeichen Statt, welche eine Fülle oder großen Vorrath von guten aber noch nicht rein und völlig entwickelten Bestandtheilen bekunden, an welchen der Kenner aber bald und gewiß erkennt, daß sie sich immer vortheilhaft entwickeln werden. Diese Festigkeit bezieht sich hauptsächlich auf das Auszugartige aus den Kämmen rc., welches, wie wir schon wissen, die Weingeisterzeugung befördert.

Ein harter Wein ist das Gegentheil des festen, insofern er einen herbsauern Geschmack, der von dem festen sehr verschieden ist, und andere schlimme Eigenschaften besitzt, und sich nie vortheilhaft, immer schlecht entwickelt. Ein harter Wein ist und wird nie gut.

Der Grund- oder Erdgeschmack wird einem Weine beygelegt, wenn er blos durch die Beschaffenheit des Bodens, worauf er gewachsen, einen eigenthümlichen Geschmack erhalten hat, den man sogleich als aus jener und keiner andern Ursache herstammend erkennt. Ein lehmiger Boden scheint ihn hauptsächlich hervorzubringen.

Der Böckser geschmack, von dem Vergleich mit Bocksgeruch und Geschmack so benamt, wird in vielen Moselweinen nach der Gährung, in welcher er erzeugt wird, angetroffen, verliert sich aber meist nach dem ersten oder zweyten Jahre gänzlich. Seine Ursache läßt sich nicht bestimmt angeben; doch scheint sie vorzugsweise in einer unbekannten Mischungsveränderung des Bodens zu liegen, weil öfters Weine in einem und demselben Weinberg gewachsen, eine Reihe von Jahren hindurch diesen Geschmack besitzen. In andern hingegen ist er ganz temporär, meist nur an einen Jahrgang gebunden. Vom Düngen kommt er nicht, denn es besitzen ihn Weine in hohem Grade, deren Erzeugungsort sehr trocken und hoch liegt, und lange Zeit hindurch ungemistet geblieben waren. Der Wein welcher nach ihm schmeckt, heißt Böckser.

Mit dem Böckser verwandt ist der Brenntzer, ein Wein, welcher etwas rußartig Brenzlichtes im Geruch und Geschmack hat, aber von jenem doch darin verschieden ist, daß er sich nur in guten Weinen findet, da hingegen böcksernde Weine unter übrigens gleichen Verhältnissen sich entweder besser oder schlechter, wie andere rein schmeckende Weine zu entwickeln pflegen.

Classification des Moselweines.

Der Moselwein läßt sich nach Verschiedenheit seiner Güte im Allgemeinen in drey Classen eintheilen.

Erste Classe.

1. Der Braunenberger, unstreitig der beste und stärkste Wein der Obermosel. Im ersten und zweyten, auch im dritten Jahre, je nachdem der Jahrgang war, ist er noch etwas fest, dann aber entwickelt sich erst mit seiner sehr fein gewürzten Gähre auch seine volle Stärke, in welcher Vollkraft er sich von allen Moselweinen am längsten, nämlich sechs Jahre ohngefähr, erhält, dann aber nimmt er ab. Diese Haltbarkeit ist aber verschieden nach dem Jahrgange, so daß er im Durchschnitt in mittelmäßigen Jahren, wie z. B. im Jahr 1818, am längsten in seinen guten Eigenschaften ausdauert.

Der Braunenberg, worauf er wächst, und von welchem er seinen Namen führt, liegt dem Dorfe Dusemond gegen über auf dem linken Moselufer, ist sehr steil, der niedrigste von allen Nachbargebirgen, trocken, besteht aus purem Dachschiefer, liegt ganz gegen Süden, hat keinen Berg gegen sich auf dem rechten Moselufer. Der District desselben, auf welchem der beste Wein wächst, ist die ohngefähr eine starke Viertelstunde lange Mitte des Berges.

Der Braunenberger Wein wurde ehedem ganz allein aus Rießlingreben erzogen, und erwarb hierdurch seine Auszeichnung und vortheilhaften Ruf. Späterhin wurde er aber durch die neuen Anpflanzungen von Kleinbergtrauben, wodurch man eine viel größere Ausbeute zu erzielen strebte, bedeutend schlechter. Der Einwurf, daß der Rießling in dieser Weinpflanzung nicht gut fortkomme, ist bey einigen in der jüngsten Zeit angelegten und vortrefflich gediehenen Anlagen ganz dadurch beseitigt worden, daß man den Rießling tief gepflanzt hat, wodurch er sehr gut fortkam, und nicht so häufig die Blüte abwarf, als bey solcher oberflächlicher Rebenpflanzung, wie sie von den Bewohnern von Dusemond, welchen der Braunenberg größtentheils eigenthümlich angehört, ausgeführt wurde.

2. Der Wein von Pisport (angeblich der alte portus Pisonis) wächst ebenfalls auf einem nach der Mosel hin gekehrten Berge des linken Moselufers, an welchem die kleinern Ortschaften Mister, Emmel und Rendsport gleichfalls ihren Antheil besitzen. Er wird mehr auf Grundland und auf merklich feuchterem und fetterem Boden als der Braunenberger gezogen, hat einen eigenthümlich festen, rauhen und pechartigen Geschmack, aber auch eine stärkere, durchdringendere, aber nicht

so fein gewürzte Gähre wie der Braunenberger, hält sich länger, wird hingegen auch später brauchbar.

Seine Reben bestehen aus zwei Drittheilen oder wenigstens aus der Hälfte Rießling, durch welche er ebenfalls seine Berühmtheit erlangt hat. Hier findet aber ein anderer, ebenfalls aus der Begierde vielen Wein zu erhalten, entsprungener Nachtheil Statt, denn obgleich die Weinstöcke wegen der Fettigkeit des Bodens etwas näher als an andern Orten gepflanzt werden dürften, so setzen sie die Winzer doch zu nahe an einander, wodurch sie zwar auf einem gleichen Stück Landes wohl die Hälfte mehr Wein ziehen, wie es im Braunenberg der Fall ist, allein hieraus auch wieder der andere Fehler entstand, daß die Stöcke zu hoch gezogen wurden, weil sie wegen der Zusammendrängung unten wenige oder gar keine Trauben bekommen, die nur oben in der Höhe wachsen, daher die Regel: daß je näher die Traube am Boden reife, desto besser der Wein werde, hier ganz und gar zu Grunde geht.

Der Wein von Pisport hat von allen Moselweinen die wenigsten Hefen, weil man hier die Trauben, ehe sie getreten werden, zuerst einmal auf der Kelter preßt, dann erst durch Treten zerquetscht, und nach diesem endlich ganz auskeltert.

3. Die drey Orte Zeltingen, Wehlen und Graach bauen ihre Weinberge am rechten Moselufer auf einem einzigen Berge, dessen Länge eine starke Stunde beträgt. Von diesem zieht im Allgemeinen Zeltingen den besten Wein.

Der Zeltinger hat vor Allen die angenehmste Schiefergähr, und obgleich er sich öliger und fetter auf den Lippen schmecken läßt, als viele andere, so besitzt er doch noch neben dieser nicht allein die feinste, sondern auch die lebhafteste gewürzhafte Gähre, ist überhaupt genommen, nicht so schwer wie der Bräunenberger und Pisporter, hat aber wohl eben so viel Alkohol, hält sich nicht so lange, ist aber dagegen gleich brauchbar, und alsdann in seiner Jugend am angenehmsten: Seine guten Eigenschaften behält er vier Jahre lang, ehe sie abnehmen. Er wird von Rießling- und Kleinbergstöcken halb und halb untermischt gewonnen; der vorzüglichste Wein wächst an der Burg.

Der Graacher Wein ist im Allgemeinen in seinem Weingehalt phlegmatischer, weniger fest und concentrirt wie der Pisporter bey gleichem Alkoholgehalt, hat jedoch in seinem Geschmacke etwas Annäherung an die Pisporter Weingähre, und ist darin hauptsächlich vom Zeltinger verschieden, daß er ungeachtet seiner stärkern Gähre doch in Betracht der feinen blumigten demselben nachsteht. Jene stärkere Gähre ist sehr verschiedenartig, oft etwas widerlich und häufig plump, und man schreibt sie dann allgemein dem Schaafmiste zu, mit welchem größtentheils die Graacher Weinberge gedüngt werden, welches sich besonders noch dadurch bestätigt, daß man durch denselben Dünger auch an andern von Graach weit entlegenen Orten manchem Weine, dem es an Lebhaftigkeit gebrach, diese Gähre verschaffte.

Graach gewinnt von allen Orten an der Mosel den meisten Wein; auch werden hier die Stöcke am höchsten gezogen, so daß man sich kleiner Leitern bedienen muß, um die Stöcke zu bearbeiten und die Trauben abzunehmen.

Der Wein von Wehlen steht zwischen beyden,

dem Graacher und Zeltinger in Hinsicht seiner Eigenschaften in der Mitte, und bildet durch sie gleichsam den Uebergang von dem einen zum andern. Auf ebenfalls besonders hohen Weinstöcken ziehen daher die Bewohner von Wehlen auch einen starken Wein, der sich in seiner Gähre, welche, weniger distinct unangenehm und widerlich plump als die des Graachers, sich der feinen aromatischen des Zeltingers annähert, ohne sie jedoch in ihrer Vortrefflichkeit zu erreichen.

In geradem Verhältnisse mit diesen von einem Weine zum andern den Uebergang bildenden Eigenschaften, steht denn auch der Umstand, daß der Berg, worauf alle, der Graacher im Anfang, der Wehlener in der Mitte und der Zeltinger am Ende desselben, in der Lage nach der am Fuße vorbey fließenden Mosel hin wachsen, bey Graach am meisten Feuchtigkeit, fettere Erde und weniger Schiefer besitzt, welches alles nach und nach eben so, wie die Höhe der Weinstöcke umgekehrt der Fall ist, je weiter er sich nach Zeltingen hinzieht, wo denn die Stöcke, besonders in der besten Lage weniger hoch sind, und der trockenste am meisten geschieferte Boden gefunden wird.

Zweyte Classe.

1. **Winterich**, auf dem rechten Moselufer. Sein Wein hat vor allen an der Mosel die meiste Süßigkeit und eine nicht sehr stark und selten durchdringende, aber äußerst fein gewürzte Gähre und keine Spur von Grundgeschmack, der überhaupt in dieser Classe häufig vorkommt. Der Boden hat hier viele Feuchtigkeit und es werden sehr viele Kleinbergreben gepflanzt, daher

ist er oft mehr weich (im Gegensatz von fest) und wird früh hochfarbig.

Die Weine der benachbarten Orte Minheim und Thron gehören in dieselbe Ordnung. Sie erreichen beyde die Süßigkeit der Winterichter, und sehr viele von ihnen sind fein gegährt; doch ist der von Minheim etwas leichter und besitzt weniger Gähre, der Throner als der leichteste schmeckt hingegen etwas sanfter und fetter.

2. Uerzig, Erden und Lösenich. Ihre meist mit Kleinbergreben bepflanzten Weinberge, welche auf dem linken Ufer der Mosel liegen, sind alle auf rothem Eifeler Boden angelegt, der sich dort aus der Eifel bis an das Flußufer herauszieht, und den hier gezogenen Weinen einen Erdgeschmack in stärkerem oder geringerem Maaße mittheilt, den sie immer, jedoch die von Lösenich weniger als die Uerziger haben und behalten, und welcher zuletzt oft mit einer unangenehmen Bitterkeit verpaart wird. — Diese Weine werden alle gerne hochfarbig, mehr noch wie die von Winterich und Thron.

Den besten Wein von Uerzig liefert die Krankenley.

3. Traben, auf derselben Seite der Mosel gelegen, erzieht meist aus Rießlingreben, wohl aus drey Viertheilen derselben, einen sehr haltbaren Wein von hellgrüner Farbe, rein und ohne Grundgeschmack, der zwar eine weniger ausgezeichnete Gähre wie die anderer Weine dieser Classe erhält, allein mit dem großen Vortheil seiner Haltbarkeit auch noch den vereint, daß er ganz früh gut und brauchbar wird.

4. Der Wein von Bernkästell, der, wenn er nicht aus den im Graacher Bezirk liegenden Weingü-

tern gewonnen ist, keine diesen beykommende Güte erreicht. Er ist häufig sehr fest, wohl mehr als einer der früher aufgezählten Weine, halb aus Rießlingtrauben gekeltert, ganz ohne Grundgeschmack und von weißgrüner Farbe, die er gern lange behält. Stumm nennt man ihn häufig, weil er keine hervorstechende lebhafte Eigenschaften zu erkennen giebt.

Die besten Lagen heißen die Ley, und die Olk.

Dritte Classe.

Cus, Lieser, Neumagen, Trarbach, Wolf, Enkirch, Kinheim, Croeff, Burg, Tritenheim, Kesten.

Die Weine dieser Orte folgen in ihrer Güte alle nach dieser Ordnung aufeinander.

Hiervon ist der von Cus der beste und sehr süß; der von Neumagen gährig, selten fett. In Trarbach wird ein fester Wein gezogen, der bisweilen auch etwas hart ist. Wolf hat im Ganzen genommen einen guten, gesunden Wein, d. h. der sehr haltbar ist, und sich besonders gut im Krahnen verzapfen läßt. Der Kinheimer ist leicht sehr hochfarbig und nicht selten gründzig; der von Croeff etwas phlegmatisch und besitzt weniger Festigkeit, hingegen ist der Tritenheimer fest, aber leicht und nicht selten ganz gährig.

Die vorzüglichsten Lagen sind in Trarbach der Ungsberg, in Wolf der Langfuhrberg, in Enkirch der Stephansberg.

Bey **Winningen**, einem an der Untermosel, mehrere Stunden von Coblenz gelegenen Orte, wächst noch ein sehr guter Wein, welcher der genannten ersten Classe gleich kommt, und folglich der rühmlichsten Erwähnung verdient. Er besitzt von allen Moselweinen die blumigste Gähre, ist aber in allen übrigen Eigenschaften so sehr von ihnen verschieden, daß er gar nicht besonders mit ihnen verglichen werden kann. Da er aber jene Gähre früh verliert, und sich daher nicht lange hält, hingegen auch gleich brauchbar ist, so wird er bald, und zwar meistens in Coblenz verbraucht, dessen Nähe ihn im Preiße vertheuert, wozu denn auch die vielleicht daher entsprungene Gewohnheit, ihn meistens in kleinen Fässern, und nicht in Fudern zu verkaufen, nicht wenig beytragen mag.

Hierher kann auch noch der bey Trier wachsende Wein von Grünhausen gerechnet werden, der eben so wie der Winninger einen ausgezeichnet aromatischen Geschmack besitzt, an Stärke und Haltbarkeit aber den Braunenberger nicht erreicht.

Rothe Weine.

Der Anbau der rothen Weine an der Mosel ist im Ganzen sehr unbedeutend, ausgenommen in Kobern bey Winningen, wo beynahe blos rother Wein gezogen wird, der sehr gut ist.

Von allen übrigen Orten zieht denn auch noch Pisport den meisten und auch ganz guten rothen Wein, etwas weniger Kesten, der aber dem Pisporter an Güte nachsteht. Die übrigen äußerst wenigen verdienen hier keiner besonderen Erwähnung.

Indem wir nun die Classen des guten Moselweines hiermit beschließen, bleibt uns noch Mehreres hierüber zu bemerken übrig. Die gesammte Ordnung in Classen befaßt sich blos mit den Vorzügen jedes Ortes im Allgemeinen, denn nach dem Boden, der Lage, dem Anbau einzelner in den genannten Bergen gelegener Districte, sind diese oft außerordentlich untereinander verschieden, so daß man manche der in den le ten Classen begriffenen Weine den besten der ersten Classe sehr wohl zur Seite stellen, hinwiederum die in den schlechtesten Lagen der letztern gewachsenen oft nicht mit mittelmäßigen der zweyten, und sogar der dritten vergleichen darf. So wachsen Weine in Trarbach, die manchem Zeltinger vorzuziehen sind, hingegen dürfen sich viele Zeltinger Weine mit den besten auf dem Braunenberg und bey Pisport gewonnenen kecklich messen. Der Oligsberg (Oelberg) bey Winterich bringt einen Wein hervor, der zu den geschätztesten der ganzen Mosel gehört, ist jedoch wie mehrere andere Lagen zu klein, um eine eigene Classe zu bilden.

Wie gar sehr es aber hierbey auf die Anlage und die Behandlung der Weinberge ankomme, beweisen am deutlichsten die Weinberge mehrerer Gutsbesitzer, deren verdienstvolle und folgereichen Bemühungen um d. Veredlung des Moselweines so groß sind, daß wir nicht umhin können, hier als am schicklichen Orte mehrere als Muster aufzuführen.

Herr **Louis Böcking** in Trarbach, der aus Liebe zum Weinbau schon 40 Jahre h ndurch mit unermüdlichem Studium und seltenem Fleiße denselben betreibt, und dem die Cultur der Rebe an der Mosel schon so manche Bereicherung an vielen wichtigen Vortheilen zu danken hat, veredelte hierdurch seine Weinberge an verschiedenen Orten jeder Classe, namentlich in Winterich, auf dem Braunenberge, wo er allein den reinen Rießlingbau mit bestem Erfolge betreibt, in Traben und Trarbach so musterhaft, daß er hier überall die ausgezeichnetsten Weine erzieht. Besonders aber kann dies von dessen Weingut in Winterich gesagt werden, wo er durch den schönsten Weinbau vorzüglich im sogenannten Oligsberg einen Wein erhält, der bis jetzt an Güte den übrigen Moselweinen unerreichbar geblieben.

Nicht minder ausgezeichnet sind die Weine, welche Herr M. J. Hayn an sehr vielen der besten Orte, namentlich aber auf seinem schönen Weingute bey Graach, durch den sorgfältigsten und kostbarsten Weinbau gewinnt, welche nicht nur frey von allen unangenehmen Nebeneigenschaften sind, die sich in vielen andern Weinen von Graach entdecken lassen, sondern auch in jeder andern Hinsicht zu den ausgezeichnetsten, edelsten Moselweinen gezählt werden, und ihrem fleißigen Pfleger große Verdienste um die Veredlung des Weinbau's zusichern müssen.

Bereiset man unsere Moselgegenden, so kann jeder die Weinberge beyder Gutsbesitzer, ohne sie zu kennen, durch ihre regelmäßig schöne Anlage vor allen herausfinden.

Es wäre hier zu weitläuftig, die Aufzählung vieler übrigen, vorzüglichsten Weinpflanzer fortzusetzen, welche theils aus eigenem Antriebe, theils aber, und zwar hauptsächlich durch solche musterhafte Vorgänger, nach ihren Kräften, gleich jenen, die reinen Anpflanzungen der trefflichsten Rießlingreben zur Veredlung des Moselweines begünstigen. Möge die öffentliche Anerkennung solcher vaterländischen Verdienste den Nacheifer noch mehr beleben, welchen der daraus entspringende Nutzen, jene Haupttriebfeder der menschlichen Thätigkeit, schon vielfältig erweckt hat!

Allgemeine Eigenschaften des Moselweines.

Wenn aus schon bekannten Ursachen ein gutes Jahr erscheinen muß, um alle teutsche Weine edel zu erzeugen, so bedarf der Moselwein desselben gewiß auch sehr nothwendig, wenn er nicht eine sehr geringe Qualität erhalten soll, welches besonders die Weine der genannten zweyten, vornehmlich der dritten Classe betrifft. Er enthält alsdann mehr Weinstein und Säure, weil ersterer, wegen zu großem Mangel an Zuckerstoff, und dem durch die erste sowohl als auch die nachfolgende stille Gährung aus demselben erzeugten geistigen Prinzip, in der größern Menge seines Wassergehaltes aufgelöst bleibt, und nicht abgesetzt werden kann. Es ist aber auch eine durch die Erfahrung ausgemachte Sache, daß die vollkommenste Reife der Trauben der Erzeugung einer starken, lebhaften Gähre sehr entgegen steht, weil durch den zu reichlich entwickelten Zuckerstoff wie bey südlichen Weinen, die mit demselben gleichsam überladen sind, gewisse Bedingungen zu derjenigen Entwicklung der Bestandtheile verloren gehen müssen, die zur Production der Gähre erforderlich sind. Humphry Davy sagt mit Chaptal: *) Dans les climats plus favorables à la culture de la vigne, on avance ou on retarde la vendange suivant les qualités, qu'on se propose de communiquer aux vins. Le mérite des uns consiste dans un bouquet agréable, qui

---

*) Élémens de chimie agricole, traduit de l'anglais par Bulos, Paris 1819. Tom. II. p. 306.

est incompatible avec une maturité complète ; celui des autres réside dans la force alcoolique ou le saveur douceâtre, qui exige un entier dévéloppement du principe sucré.

An der Mosel erreichen die Trauben jene vollkommenste Reife in guten, selbst in den besten Jahren nicht alle miteinander, und sie erhalten daher, weil das Sonnenlicht in Teutschland's Clima schwächer ist, nicht so viel Zucker, daß nach Entstehung des Alkohols noch beträchtlich viel übrig bliebe, sondern derselbe wird bey der ersten Gährung gleich alle in Alkohol verwandelt, wobey denn auch der meiste Weinstein, den der Moselwein überhaupt in geringer Menge enthält, präcipitirt wird; späterhin scheint blos durch die höhere Ausbildung des Weingeistgehaltes im Weine, welche der ätherischen sich mehr annähert, noch etwas Weinstein abgesetzt zu werden.

Hieraus geht denn nun hervor: daß der Moselwein in der ersten Gährung meistens gleich ausgebildet werden muß, weil sie keinen Zucker zur fernern Alkoholbildung mehr übrig läßt. Er ist daher früh reif, wird aber auch in seinem vorschreitenden Alter nicht viel stärker, hingegen reicht die Traubenreife an der Mosel gerade zu, um die angenehmste Weinfülle zu entwickeln in welcher, weil kein Zucker- und Weinsteingehalt prädominirt, die ausgesuchtesten Gähren hervortreten können, welche in süßen Weinen nicht zum Vorschein kommen, in sauern hingegen fehlen. Jene beyden Eigenschaften, besonders aber die ausgezeichnete Gähre giebt ihm den so sehr gesuchten Werth; sie ist die edelste Mitgabe, womit ihn die Natur ausgestattet, der sichere Maaßstab seiner Güte, seiner Haltbarkeit, und wenn man sagt, der Moselwein hält sich lange, so ist stets damit gemeint, er behält so lange seine Gähre. In ihr besitzt er ein Vorrecht vor allen seinen Nachbarn, denn wenn gleich der Rhein- und Nahwein ihm an Geist und Feuer überlegen sind, so macht er ihnen doch in der Annehmlichkeit seines Geschmackes gewiß den Rang streitig. Dem ächten Moselweine, besonders dem aus Rießlingtrauben gekelterten sind durch eine Gährung wenig färbende Stoffe zugetheilt, daher ist seine ihm allein eigenthümliche Farbe, die ihm hauptsächlich als vortheilhaftes Kennzeichen seiner Aechtheit dient, stets die gelblich- oder mehr weißgrünliche, die aber auch mit den Jahren gesättigter wird. Durch sie und seine Gähre wird jede Verfälschung verhindert, denn sie gehen in dieser zu Grunde. Der verständige Weinhändler sieht daher besonders auf dieses Merkmal seiner Tugend und scheut sich, einen höher gefärbten Wein zu erhandeln, weil er ihm eine nachtheilige Mischungsveränderung kund thut. Häufige Kleinbergtrauben verrathen sich ebenfalls im Moselweine durch eine höhere Färbung und deuten hierdurch ihren geringern Gehalt und Haltbarkeit an.

Wichtige Zeugnisse der Haltbarkeit des Moselweines geben die Gewohnheit mancher holländischen Weinhändler, bey Versendungen von Rheinweinen nach Ost- und Westindien denselben einen starken Zusatz von Moselwein beyzumischen, weil jener auf dem Meere sonst trüblich zu werden pflegt. Reine Moselweine, welche in Flaschen gefüllt, die Linie passirt waren, fand man bey der Rückkehr nach Holland nur unbedeutend in ihrem Gehalte geschwächt, wogegen man südlichern Weinen, um ihre Haltbarkeit sicherer zu stellen, einen Zusatz von starken Brandweinen geben muß *). Johann Hofmann rühmt Folgendes von der Reinheit und Haltbarkeit des Moselweines **): «Von der Anmuthigkeit des Geruchs, welchen er von seinem natürlichen Beergewächs überkommt, ist schon Meldung gethan, also daß man auch hierinnen aller Sorgfalt entübriget lebet, und ihm keinen Geruch darf erkünsteln. Eben so wenig fehlt es ihm an stattlichem Geschmack, welcher nicht weichlich, sondern sehr dauerhaft ist: dannenhero er auch diese Tugend hat, daß er die Fahrt über Land und Wasser, sonderlich über Meer, sehr wohl kann ertragen und ausstehen; welche Standhaftigkeit vielen andern Weinen öfters ermangelt, worzu die dem Moselwein seine vom Stock her beywohnende Kraft, Stärke

*) Das Haus Smaale, eine der ersten Weinhandlungen in Amsterdam versendete nie pure Rheinweine nach Ost- und Westindien, wohin fast alle Weine desselben giengen, sondern immer mit der Hälfte oder dem dritten Theile Moselwein vermischt. Der Rheinwein allein wurde molkig trübe. Pur läßt sich der Moselwein noch am besten in jene Welttheile verschicken.

Der für dasselbe Haus öfters Weinladungen einnehmende Schiffscapitän Gottlieb Jager brachte aus Batavia Moselwein in Flaschen zurück, der sehr wenig von seinen Eigenschaften eingebüßt hatte. So eben, indem ich dieses schreibe, bekommt die Huesgen'sche Weinhandlung in Trarbach von dem Weinhändler Friedrich Wilh. Henck in Baltimore den Auftrag, ihm eine Parthie Zeltinger Moselwein vom Jahr 1819 in Flaschen nach Nordamerika zu senden, mit dem Bemerken: daß der von demselben Handlungshause im Junius vorigen Jahres in Baltimore erhaltene Moselwein derselben Gattung, sich vortrefflich conservirt habe.

**) A. a. O. p. 422.

Hitze, zweifelsfrey bequem macht, also daß es ein unerhörtes Ding bey ihm wäre, wo jemand solchen mit Eingießung des Brandweines aufzurichten, oder ihm einen Zusatz zu geben, sich würde unterstehen.«

Als Gegensatz mit dem Rheinweine, der mit seinem vorschreitenden Alter an Güte gewinnt, entwickelt der Moselwein, selbst der beste, seine Hauptkräfte in früher Jugend. Nichts destoweniger aber wird ein guter Moselwein nach dem sechsten Jahre schlecht, sondern er behält nur so lange die Lebhaftigkeit seiner Gähren, die alsdann zurückzutreten anfangen; sein Weingehalt bleibt ihm noch lange, oft sehr viele Jahre hindurch, behagt aber nun dem durch die so sehr erfrischenden jugendlichen Reize desselben verwöhnten Gaumen der Moselanwohner nicht mehr, weshalb sie sich denn auch oft genug verwundern, wenn er in andern Ländern, wie in den Niederlanden, in spätern Zeiten vielleicht deshalb lieber getrunken wird, weil man ihn im Alter für gesünder oder andern Weinen ähnlicher hielt, indem man in einem lebhaft gährigen Weine, einen raschen mehr angreifenden zu genießen fürchtete.

Es ist leider nur zu wahr, daß der Moselwein überhaupt in Vergleich mit andern teutschen Weinen häufig, und mit größtem Unrecht bisher in übelm Rufe stand. Die Ursachen hiervon lassen sich zum Theil in folgenden Umständen leicht auffinden.

Außer den benannten Weinen wächst an der Mosel noch eine ungeheure Menge Wein, sowohl von den genannten Orten aufwärts nach Trier, wie auch abwärts nach Coblenz hin auf einem Landstriche, der wohl dreymal so weit, als derjenige, worauf unser edler Wein wächst, sich erstreckt. Jener ist nun auch freylich Moselwein, allein von den aufgezählten Sorten, welche man unter dem allgemeinen Namen Obermoselwein begreift, so himmelweit verschieden, wie der Johannisberger von denen, welche bey Welmich, Camp, Braubach, Lahnstein u. s. f. am Rheine wachsen. Sie werden gleichfalls unter dem Namen Moselwein, und zwar oft gar noch als Obermoselwein verschickt, und müssen alsdann bey dem Nichtkenner einen ungünstigen Schatten auf ihre edeln Brüder werfen, welchen sie vermöge ihres zur Erziehung guter Weine weniger tauglichen Bodens und anderer ungünstiger Verhältnisse nie erreichen werden. Obgleich sie mitunter weinhaltig und gährig gefunden werden, so prädominirt in ihnen doch stets ein Ueberschuß von Säure im unangenehmen Sinne des Wortes, den selbst die besten Jahrgänge mit aller Kraft nicht ganz versüßen können. Mögen sie daher doch für manche Classe von Weintrinkern, besonders für die arbeitende ein zweckmäßiges und wohlfeiles Getränk bleiben, für unsere Betrachtungen passen sie nicht, und müssen deshalb, sollen jene nicht ihren Zweck verfehlen, ein für allemal mit Stillschweigen übergangen werden.

Viele und zwar immer die bessern Moselweine werden von den Weinhändlern größerer Städte theils pur, theils mit Rheinweinen vermischt, unter letzterer Namen verkauft, um leider auf Kosten ihres Rufes durch einen höhern Preiß den kaufmännischen Beutel ihrer speculativen Sudelbrauer zu bereichern. Werden sie vermischt, so geschieht dies gewöhnlich, um einen andern vielleicht theurern Wein, dessen Verfall herannaht, durch eine oft nur momentane Lebhaftigkeit und

Gähre zu verjüngen, damit er wieder neubelebt, verkauft werden könne. — Aber auch manche Weinhändler an der Mosel verfallen in den nicht genug zu rügenden Fehler, geringere, obgleich manchmal gute Sorten von Moselweinen, unter dem Namen der bessern zu verschicken, und dadurch gleichsam einen schnöden Verrath an der guten Sache zu begehen.

Ein anderer nicht minder wichtiger Grund ist in der nachtheiligen Darstellung des Moselweines von vielen Schriftstellern begründet. Mögen ihre Motive zu derselben sich freylich größtentheils aus den eben genannten Ursachen herleiten, so geht doch aus ihrer dürftigen und einseitigen Abfertigung des Moselweines dem Kenner auch unverkennbar hervor, daß keiner von ihnen an der Quelle selbst sich zureichende Kenntniß und Erfahrung gesammelt habe, um nur einigermaßen als zuverlässiger Apologete desselben auftreten zu können. Da bisher ein solcher gefehlt hat, so schrieb ein Oinograph dem andern nach, und auf diese Weise wurde jede absprechende Meinung eben nicht in dem besten Lichte weiter verpflanzt. Selbst **Ritter**, indem er in seinem trefflichen Werke über den Wein *) Folgendes vom Moselwein sagt: « suum cuique, in recht guten Jahren wird an verschiedenen Orten der Moselufer ein Saft gekeltert, der alles Lob verdient und der in gewissem Alter den Arzt, in therapeutischer Hinsicht, besonders der von 1811 in vielen Fällen vollkommen befriedigen wird, » räumt zwar auf eine wahrheitliebende Art unserem Weine manches Recht ein, meint aber gleich hernach, indem er ihm wieder mehrere schlimme

*) S. 95.

Eigenschaften beylegt, wohl sicher diejenigen Weinsorten, die in unserer Classification nicht begriffen oder in sehr schlechten Jahren gewachsen sind, in welchen denn auch die andern teutschen Weine zum therapeutischen Gebrauche sowohl als zum Getränk ganz und gar nichts taugen, denn wenn er ferner anführt: «daß es scheine, die Moselweine besäßen außer ihrem natürlichen Schiefergehalte, etwas Salpeter, weshalb sie schwache Magen so feindlich anfielen, was jedoch bey fehlender chemischen Analyse nicht bewiesen werden könne,» so wird diese blos auf Muthmaßung begründete irrige Meinung durch unsere Angaben über die Schiefergähre sowohl, als auch der chemischen Analyse sattsam widerlegt. Auch scheint Ritter die Moselweine in ihren Geburtsorten nicht besucht zu haben, indem er Mannebach an an die Mosel versetzt, wo kein Ort so heißt, und welches wahrscheinlich das bey Bacherach liegende Mannbach (angeblich von manus Bacchi) gemeint ist. Gratius ex ipso fonte bibuntur aquae sage ich mit Ovid.

Die Wirkung des Weines überhaupt als Getränk.

Das Wasser kann eigentlich als das einzige Getränk angesehen werden, und alle andere Getränke sind nur Getränke in sofern sie Wasser enthalten. Die wäßrigen enthalten größtentheils Wasser, die sauren in dem Wasser, Säure, die geistigen Weingeist u. s. f. *) Der Wein ist in Bezug auf die Erhaltung der Gesundheit des menschlichen Organismus blos ein diätetisches Ge-

*) Hildebrandt Lehrb. d. Physiologie 4te Aufl. §. 530.

tränk, und die besten Aerzte aller Zeiten und aller Völker stimmen darin vollkommen überein, daß er als Getränk nicht unumschränkt genossen werden dürfe, ohne die Gesundheit und das Leben der Menschen mehr oder weniger feindlich anzugreifen, ja viele derselben wollen ihn blos allein als Arzney genossen wissen wie J. P. Frank *) und vor ihm schon Haller **), indem er sagt: omne vinum medicamentum est, non potus. So unbestreitbar diese Behauptung im strengsten Sinne des Wortes auch ist, so richtet man doch damit bey Gesunden und sehr oft auch bey Kranken leider nicht sehr viel aus, indem jene den Arzt meistens nicht eher in diesem kitzlichen Punkte zu Rathe zu ziehen pflegen, bis sie durch krankhafte, körperliche Gefühle zu ihm hingetrieben werden.

Firma valent per se nullumque Machaona querunt:
Ad medicam dubius confugit aeger opem. *Ovid.*

Wie dem nun auch sey, so findet man doch im Allgemeinen, daß der Mißbrauch geistiger Getränke von jeher bey den Völkern desto mehr abgenommen hat, je höher die Stufe der Aufklärung stand, welche sie in sittlicher Bildung erstiegen hatten, wovon unser Teutschland den besten Beweis liefern mag, von welchem Frank erzählt, daß an seinen Höfen, in seinen Klöstern und in allen öffentlichen Gesellschaften ehmals des Nachmittags wenige Menschen mehr wußten, zu welcher Gattung von Thieren sie gehörten, und daß ein Held im Saufen für den Mann gehalten wurde, der

*) System der med. Polizey, 3ter Theil S. 162.
**) Element. physiol. T. VI. p. 246.

den ersten Platz überall verdiente, und noch vor fünfzig Jahren eine Weinmenge verbrauchte, die vier gleichgroße, aber mäßige Nationen wohl auf einige Jahre hätte versehen können. Ueberlassen wir es daher der fortschreitenden Menschencultur, die Annäherung an jenes glückliche Ziel der Mäßigkeit, welches wohl nie ganz erreicht wird, zu bezwecken, und schenken wir den zukünftigen Generationen unseres Geschlechtes das Zutrauen, mit philosophischer Enthaltsamkeit sich desjenigen Uebermaaßes im Weingenusse zu enthalten, welches häufig oder beständig fortgesetzt, das körperliche und geistige Wohl des Menschen untergräbt, und ihn einer tyrannischen Herrschaft des niedern Begehrungsvermögens mehr und mehr unterwerfend, der thierischen Natur immer näher bringt, je weiter das höhere Menschliche in ihm zurückzutreten gezwungen wird.

Der Wein wirkt auf verschiedene Weise auf den Menschen:

1. Nach dem Jahrgange und Clima u. s. f. worin er gewachsen ist, und den Bestandtheilen, welche ihm durch die Natur oder Kunst beygegeben worden sind.
2. Nach der individuellen Gesundheit, dem Temperamente, Gemüthszustande, Idiosynkrasien der Menschen, nach der Menge und der Gewohnheit seines Genusses.

Auf diese Verhältnisse gründen sich denn auch die ihm zugeschriebenen guten und bösen Eigenschaften. Die arkadischen Weine beförderten die Fruchtbarkeit der Einwohner; bey den Thasiern erweckten einige Weine einen sehr tiefen angenehmen Schlaf, andere verursachten ein peinliches Wachen. In Achaja, nahe bey Ceraunia, wuchs ein Wein, der die Frucht abtreiben half. Daß verschiedene Weine den Blasenstein erzeugen, schloß Linge auch daraus, weil in Persien, wo der Genuß des Weines eben auch untersagt ist, beynahe weder Stein noch Podagra beobachtet werden: wo doch die daselbst wohnenden Armenier, die mehr Wein als Wasser trinken, demselben bisweilen unterworfen sind. Haller führt aus dem Cyprianus an, daß er unter 1400 Menschen, welchen er den Blasenstein ausgeschnitten, viele Weintrinker, aber niemand der sich an Bier gehalten, gefunden habe. Zimmermann sagt: «In der Schweiz zeugen die sauren und herben Weine der Gegenden längst der Aar, der Reus und der Limat am meisten Gliedersucht, hingegen bemerke ich den Stein und auch die Saamen des Steines, oder das sogenannte Gries in diesen Gegenden so selten, daß ich zweifle, ob jemals die sauren Weine den Stein gezeugt haben. Vielmehr hat man beobachtet, daß durch die gekochten französischen, italienischen und persischen Weine, Stein und Podagra entstehen.» Es ist eine gemeine Beobachtung, daß einige Weine, nachdem sie kaum getrunken wurden, sogleich auf den Harn treiben, und wieder abgehen: wenn andere, auch in Menge getrunken, die Blase nicht suchen, und eine drückende Völle in dem Unterleibe verursachen. Einige Weine erregen sogleich einen Taumel und Kopfschmerzen; andere lassen einen beschwerlichen Schmerz der Glieder zurück, und verursachen, wie von den vins de Bordeaux gesagt wird, das Podagra *).

Genießt ein gesunder Mensch einen guten Wein in

---

*) Frank med. Polizey 3ter Theil, S. 46).

dem Maaße, daß er noch nicht einmal den gelindesten Grad des Rausches hervorbringt, so wirkt er auf eine belebende Art auf alle Nerven, besonders auf die des Geruchs und Geschmacks und Magens, welchen er seine Kraft zuerst und unmittelbar mittheilt. Daher seine schnell erfrischende Kraft bey Erschöpfung, Ohnmacht, das angenehm erwärmende Gefühl im Magen. Von ihnen theilt sich nun diese Wirkung dem Gehirne und übrigen Nerven mit, und erweckt Munterkeit, Kraft und leicht vermehrte Verrichtungen aller Körper und Seelenfunctionen, und ladet gewöhnlich zu mehrerem Genusse freundlich ein, indem er das Lebensgefühl erhöht, und das gesellige Vergnügen befördert. Im heißen Sommer kühlt er, indem er durch Stärkung die aus der Abspannung entsprungene Hitze bändigt; im Winter erwärmt er direct durch Bethätigung des Kreißlaufes und der Nervenkraft. Trinkt der Mensch mehr, so tritt er in die verschiedenen Stadien des Rausches ein. So wie jenem eine auf den verschiedensten Stufen seiner Bildung im Allgemeinen ein großer Hang zu den verschiedensten, selbst schädlichen Genüssen eigen ist, besitzt er auch eine vorzüglich starke Disposition, sich durch geistige Getränke in eine angenehm exaltirende Gemüthsstimmung zu versetzen, in deren Erfindung er denn auch leider ziemlich weit gekommen ist. Er bereitet sie aus den verschiedensten zur geistigen Gährung fähigen Stoffen, aus Früchten und Obst, die Tataren sogar aus Stutenmilch. Oft werden zu diesem Endzwecke narkotische Substanzen genommen; vom Türken das Opium, und die Jakuten und Jukahiren versetzen sich durch den Genuß des giftigen Fliegenschwammes in den lustigsten Rausch, den sie durch das Trinken des nach diesem Getränke gelassenen Harnes, der die berauschende Kraft des Fliegenschwammes in höherm Grade wiedergiebt, mit Wollust erneuern *).

Dieser merkwürdige und räthselhafte Zustand findet statt, wenn im gesunden Zustande durch äußere Ursachen eine solche Unordnung in die Organisation gebracht wird, daß die Seelenkräfte zwar eine Zeitlang zu wirken fortfahren, aber ihre richtige Proportion gegen einander verlieren **). Wir betrachten ihn nur, in sofern er vom Weine hervorgebracht wird, und geben hier größtentheils die schöne Beschreibung desselben von Henke ***).

Im niedrigsten Grade des Rausches ist der Mensch bey sich und bey Sinnen, seines äußern Zustandes sich völlig bewußt, aber körperlich und geistig aufgeregt; der Kreißlauf des Blutes, die Wärme und die Lebensfunctionen sind verstärkt, die Vorstellungen lebhafter, wechseln rascher; die Gedanken strömen schneller zu, man wird witziger; die Gefühle und Empfindungen sind lebendiger, die Einbildungskraft ist thätiger, der Mensch zeigt sich für alle Eindrücke empfänglicher, und Gemüthsbewegungen (unter den angenehmen besonders die Freude, unter den unangenehmen der Zorn) entstehen leichter als sonst, theils weil die Reizbarkeit gesteigert ist, theils weil der rasche Wechsel der Vorstellungen ruhige Ueberlegung und Besonnenheit stört. — Viele reden in fremden Sprachen, die sie oft gar nicht verstehen, der Greis tritt in die Jugend zurück, der Phleg-

*) Langsdorf in d. Annal. d. Wetterauisch. Gesellsch. für d. Naturkunde, 1r Bd. 2s Heft.

**) Jakob, Grundriß der Erfahrungsseelenlehre §. 505.

***) Abhandl. a. d. Gebiete der gerichtl. Medicin 4 B. S. 243.

matiker wird beweglich, der Hagestolz verliebt, der Hypochondrist scherzt, der Verzagte wird kühn, der Prosaist ein Dichter u. s. f.

Die Menschen sind in diesem Zustande angetrunken aber noch nicht betrunken, Selbstbewußtseyn und Vernunftgebrauch sind nicht aufgehoben, höchstens nur leicht und vorübergehend getrübt. Es giebt in unserer Sprache eine Menge von bekannten Ausdrücken und bildlichen Andeutungen, um diesen Grad des Rausches zu bezeichnen, welche Lichtenberg in seinen humoristischen Schriften größtentheils zusammengestellt hat.

Im höhern Grade des Rausches, der bey fortgesetztem Genusse des berauschenden Getränkes (zu Zeiten aber auch ohne denselben und dann aus andern Ursachen, wie heftige Körperbewegung und Geschrey bey tobender Lustigkeit, nach plötzlichen, starken Affecten, oder dem Eintritt in eine reine Luft, die mehr Oxygene enthält, wie z. B. beym Austritt aus einem Keller) dem niedern Grade folgt, finden alle diesem zukommende Wirkungen in einem höhern Grade statt. Der Körper wird bey den Meisten heiß, das Gesicht glühendroth oder blaß, der Puls voll und geschwind; die Thätigkeit der äußern Sinne nimmt ab, es treten leicht Täuschungen der Sinne ein; Gedächtniß und Besinnung schwinden immer mehr, und mit ihnen wird das Selbstbewußtseyn je länger je mehr getrübt, und die Vernunft unfähig, dem Anreiz der thierischen Triebe zu widerstehen, die Gemüthsbewegungen zu zügeln, oder dem Ausbruche früher verborgener und gebändigter Leidenschaften einen Damm entgegen zu stellen. Je nach der Eigenthümlichkeit des Menschen und nach dem verschiedenen äußern Anlaß, wird bald Lust am Schwelgen und Geschlechtstrieb vorwalten, oder Streitsucht und Jähzorn den Trunkenen beherrschen, oder das verborgene Feuer geheimer Leidenschaften, der Ehrsucht, des Hasses, der Rache, Eifersucht u. s. w. hervorbrechen. In solchen stürmischen Ausbrüchen der Affecte und Leidenschaften gleicht der Betrunkene dem Kranken im wilden Fieberwahnsinn, ja selbst dem Rasenden, während der unschädliche Rausch stiller, friedfertiger Menschen dem stillen Fieberdelirium ähnlich erscheint, das noch von lichten Augenblicken unterbrochen wird. In der vollendeten Trunkenheit ist Selbstbewußtseyn, Freyheit des Willens und Vernunft gestört und aufgehoben.

Man kann indessen nicht von dem Character, den jemand in der Trunkenheit offenbart, auf seinen Character in der Nüchternheit schließen, denn der Character beruht auf Grundsätzen, und diese sind es gerade, welche man in der Trunkenheit vergißt. Es zeigt sich höchstens nur das Temperament *).

Der vollendete Rausch geht früher oder später in die dritte Periode über, in welcher als Nachwirkung, Schlafsucht, Betäubung, zu Zeiten selbst Schlagfluß eintritt. In diesem völlig sinn- und bewußtlosen Zustande ist die Empfindung und willkührliche Bewegung gänzlich erloschen. Der Berauschte liegt im tiefsten Schlafe, der mit Schnarchen begleitet ist, und nicht elten von Zuckungen, Erbrechen u. s. w. unterbrochen wird.

Nach dieser Beschreibung ist der Rausch vom Weine verursacht, ein vorübergehender erkünstelter, dem Fieber

*) Jakob a. a. O.

ähnlicher, krankhafter Zustand, der sich in unendlich vielen Abstufungen ausdrückt, welchen man keine genaue Grenzlinie ziehen kann. In ihm und jedem an ihn stark angrenzenden Zustande findet ein Mißbrauch des Weines Statt, welcher der Gesundheit, besonders bey öfterer Wiederholung desselben, und wenn er von Weinen erzeugt wird, in welchen die geistigen Bestandtheile sehr hervorstechen, sehr nachtheilig zu werden pflegt. Diese, besonders die starken rheinischen, französischen, spanischen, portugiesischen und andere Weine südlicher Climate reizen zu heftig, beschleunigen den Kreißlauf des Blutes zu sehr, verursachen große Hitze, Durst, Wallung, Congestionen nach dem Kopfe, Röthe des Gesichtes und der Augen, Kopfschmerz, Schwindel, Wahnsinn, entzündliche Anlage, active Entzündungen und Blutflüsse, und endlich durch immer stärkere Reizung und Ueberreizung, Uebelkeit und Erbrechen, Schlucksen, Kolik, Zuckungen, Krämpfe und Zittern der Muskeln, Schlafsucht, Schlagfluß, Lähmung. Uebermäßiger und anhaltender Genuß solcher starken Weine verursacht aber anhaltende Schwäche und allgemeine Entkräftung, unregelmäßigen Kreißlauf des Blutes, geschwachte Verdauung, Aufblähung, Säureerzeugung, Eckel gegen feste Speisen, Krampf und Scirrhositäten des Magens, mangelhafte Ernährung, Stockungen im Unterleibe, Leberkrankheiten, Gelbsucht, Asthma, chronische Ausschläge, Wassersuchten, Epilepsie, Gicht, Stein, Hämorrhoiden, Stumpfheit der Empfindungen, der Sinne und des Gedächtnisses, Abnahme aller Seelenvermögen bis zum Blödsinn, kurz ein ganzes Heer von Krankheiten, von welchen besonders die erst in neuerer Zeit zur Sprache gebrachte phrenitis potatorum nach Albers, (delirium tremens nach Sutton) als ausschließlich vom Trunke erzeugt, sehr merkwürdig ist *).

Der Wohlgeschmack des Weines, die erhöhten, wohlthätigen körperlichen und geistigen Gefühle und angenehme Zustände, in welche sich der Mensch bey dem nicht unmäßigen Genusse des Weines versetzt fühlt, die Entladung von Lebenssorgen und aller unangenehmen Affecte, welche man so gerne in den Schlummer der Vergessenheit versenken möchte, der gesellig-fröhliche, scherzende, witzige und mittheilsame Ton in angeneh-

*) Wenn Trinker fieberkrank werden, so deliriren sie gewöhnlich leichter, als andere an derselben Krankheit Leidende, die nüchtern gelebt hatten. Dieses Delirium ist denn natürlich durch die vom Trunke erzeugte Anlage bedingt, indem sein Ausbruch eben so, wie das Erscheinen des in der phrenitis potatorum das Hauptsymptom abgebenden, durch die Gewohnheit des Gehirnlebens, im Trunke zu deliriren, begünstigt wird. Eine eigene Art desselben bemerkte ich an einem vierzigjährigen, früher sehr kräftigen Manne, der sich durch übermäßigen Trunk eine Abzehrung mit Leberleiden zugezogen hatte. In den letzten Wochen seines Lebens sah er sich sehr oft täglich im Delirium von fremder Gesellschaft umgeben, mit der er sich herumtreiben mußte. Des Abends aber, wenn er zu Bette gieng, wobey sich denn immer ein heftiger Husten einstellte, kam es ihm fast täglich vor, als wenn er selbst in weiblicher Gestalt dreifach im Bette läge, und mit den übrigen beyden Gesellschaftern um die Reihe herum husten müsse. Gegen 11 — 12 Uhr, zu welcher Zeit der Husten gewöhnlich aufzuhören, der ebenfalls traumvolle Schlaf aber sich einzustellen pflegte, stand immer eine jener Gestalten auf und sagte: Jetzt hat er genug gehustet. Nun entfernten sich die beyden Gestalten und er schlief ein. Oft war er von der Wirklichkeit dieses Traumbildes so überzeugt, daß es mancherley Vorstellungen bedurfte, ihm den Wahn zu verscheuchen.

mer Gesellschaft, welche der Wein höher belebt, dies alles ladet so sehr, besonders bey sich darbietender leichter Gelegenheit zu wiederholtem Genusse ein. Dazu kommt noch, daß bey mäßigem Genusse kein besonders hervorstechendes Uebelbefinden entsteht, und die geringe Abspannung, welche der Aufregung gefolgt ist, in dem Schlafe, zu dem sich fast immer Neigung und Bedürfniß einstellt, sich wiederum ausgleicht. Selbst nach einem nicht unmäßigen Rausche bleiben die nachfolgenden, unangenehmen Empfindungen meistens nicht lange zurück.

Darf man sich wundern, sagt Henke *), wenn der sinnliche Mensch die Neigung empfindet, sich in solchen angenehmen Zustand öfters zu versetzen? Das Sittengesetz selbst mißbilligt den mäßigen Genuß sinnlicher Freuden nicht, und gewiß betritt der angehende Trinker die Trinkstube mit dem guten Vorsatze, es nicht bis zum Rausche kommen zu lassen. Während des Genusses selbst wird er nur durch Lust zum fortgesetzten Sinnenkitzel, durch Zureden, Aufmunterung, Beyspiel, Eitelkeit u. s. w. verführt weiter zu gehen, als er anfangs gewollt. Hat er den Rausch ausgeschlafen, so bereut er nicht den Genuß, sondern höchstens das Uebermaaß, faßt den Vorsatz zur zukünftigen Mäßigkeit, der aber selten gehalten wird, wenn von Neuem der benannte Anreiz zur Uebertretung wirksam wird. Andere werden von den Vätern oder Angehörigen zum Trinken förmlich angeführt, oder es reißt sie das Beyspiel der Jugendgenossen hin, welche eine Ehre darin

*) a. a. O. S. 252.

setzen, ein bedeutendes Maaß der starken Getränke vertragen zu können.

So wird, was anfangs mit nur gemäßigter Neigung, oft selbst mit Widerwillen geschah, allmälig zur Gewohnheit. Diese steigert den Trieb fortschreitend mit siegender Gewalt bis zur Leidenschaft. Der Trinker endet nun nicht früher, als bis der Rausch ihn untüchtig macht, und hat er sich oft berauscht, so fühlt er je länger je mehr das Bedürfniß zu trinken, das er nicht mehr zu bezähmen vermag, wird trunksüchtig.

Auf diese Weise erwirbt sich nun der Mensch durch fortgesetzten Trunk mehr oder weniger jenes dem Körper so verderbliche Uebel, welches durch die Rückwirkung auf die Seele das beharrliche Bestreben zum Trinken vermehrt, welches ohnehin schon so stark ist, daß jede andere Neigung dabey zu gleicher Zeit unterdrückt ist, und deshalb wirklich Trunksucht genannt werden kann. Die Untersuchung, in wiefern diese nach von Brühl-Cramer*) sich als eine eigene selbstständige Krankheitsform darstelle, wogegen Hohnbaum**) aber starke und gegründete Zweifel erhoben, gehört nicht hierher und bleibt den fernern Erfahrungen der Aerzte vorbehalten.

Ueber die Trunkenheit, ihre Folgen, Heilung verweise ich außer den genannten Schriften auf Thomas Trotter's Abhandlung ***), welche Hoffbauer aus dem Englischen übersetzt und mit trefflichen Anmerkungen versehen hat.

---

*) Ueber die Trunksucht rc. Berlin 1819.

**) Archiv für psychische Aerzte von Nasse. 1820, 3 Vierteljahrheft S. 505.

***) Ueber die Trunkenheit und deren Einfluß auf den menschl. Körper. Eine philosoph. medicinische und chemische Abhandl. Lemgo 1821.

Der Moselwein als Getränk.

Moßlerwein der Sorgenbrecher,
Schafft gesundes Blut.
Trink' aus dem bekränzten Becher
Glück und frohen Muth!

v. Kleist.

Wenn nach dem einstimmigen Urtheile der Aerzte diejenigen Weine im Allgemeinen am besten sich zum Getränke eignen, welche nicht zu schwer d. h. zu geistig sind, und dabey wenig oder keine Säure haben und bald wieder durch die Urinwege abgehen, dabey ohne die wohlthätigen Eigenschaften eines angenehmen, guten Weines zu entbehren, den Körper überhaupt, besonders aber den Kopf am wenigsten anzugreifen pflegen: so verdient wohl der Moselwein aus den angegebenen Classen, als Getränk unstreitig allen übrigen Weinen ohne Ausnahme vorgezogen zu werden.

In dem Moselweine guter Jahrgänge ist, wie wir schon gesehen haben, der geistige Bestandtheil so innig mit den übrigen ihn constituirenden verbunden, daß er den säurefreyen eigentlichen Weingeschmack in den angenehmsten Verhältnissen besitzt, welcher durch die vielerley meist äußerst liebliche Gähren in allerley dem Geruch und Geschmack sich mittheilende Nüançen so vortheilhaft gehoben wird, daß er sich hierdurch sehr auffallend vor allen andern Weinen auszeichnet. Durch diese Eigenschaften schon allein wird er eins der angenehmsten Getränke, welches von denjenigen, welche an die bessern Sorten desselben gewöhnt sind, allen übrigen Weinen, obgleich sie an Stärke dem Moselweine oft weit vorstehen, fast immer vorgezogen wird.

Mit einem andern Weine verglichen, erhitzt er in gleichem Maaße genossen, bey weitem nicht so stark wie dieser, hält sich nicht lange im Darmkanale auf, sondern wird sehr bald, wohl eher als irgend ein anderer, durch den Wein, den er sehr stark treibt, ausgeschieden, befördert die Leibesöffnung, wirkt nicht so stürmisch und angreifend auf das Gefäß- und Nervensystem, greift daher, mäßig genossen, gar nicht den Kopf an, und hinterläßt nie die Abspannung, Schwere der Glieder, üble Laune und das Kopfweh, welche nach der von andern Weinen so leicht und bald erregten Wallung im aufgeregten Gefäßsysteme und zu lebhafte Reizung des Gehirns und der Nerven zu folgen pflegen. Als ein freylich zu beklagender Beweis seiner Vorzüglichkeit gilt auch noch, daß bey gleichen übrigen Umständen die Krankheiten, welche durch den Mißbrauch des Weines erzeugt werden, viel später nach dem übermäßigen Genuß des Moselweines als nach dem eines jeden andern eintreten.

Wird er in stärkerem Grade z. B. bis zu einem mäßigen Rausche getrunken, so bewirkt er gewiß von allen Getränken den muntersten und angenehmsten Rausch, und hinterläßt auch eben so sicher die wenigsten Beschwerden, welche dem Rausche gewöhnlich folgen. So z. B. bleibt der Kopf durchgängig so frey darnach, daß sich diejenigen, welche an andere Weine gewöhnt sind, immer über diese vom Rausche zurückbleibenden unbedeutenden Beschwerden sehr verwundern, und sie dann mit denen von andern Weinen erzeugten gar nicht in Vergleich stellen können, woher denn auch wohl die Sage unter dem Volke kommen mag, daß der Rausch vom Moselwein nicht schade. Dazu kommt denn auch noch, daß er nicht so leicht widersteht, wie andere stärkere, besonders süßliche Weine, und selbst bey beträchtlich genossener Menge immer noch denselben zu fernerm Genusse einladenden Reiz ausübt, auch nur im größten Uebermaaße wie alle andere, noch so angenehme Getränke widerlich wird. Aus diesen Gründen ist er daher als Getränk weit gesünder, wie alle südlichen, starken Weine, weil er weit weniger wie sie die angegebenen nachtheiligen Folgen bey häufigerm Genusse nach sich zieht, und ist als solches selbst dem, ihm sonst am nächsten stehenden Rheinweine vorzuziehen, weil dessen bessere Sorten zu stark und seine geringeren zu sauer sind, erstere daher mehr die Wirkung der südlichen starken, letztere aber den schlechten Moselweinen entsprechen, welche durch ihre Säure so feindlich auf die Verdauung und Säftebereitung einwirken.

Geht man diejenigen Gegenden durch, wohin unser ächter Obermoseler am häufigsten, aber auch Rheinweine versendet werden, so vernimmt man nur eine Stimme über den vor allen andern Weinen wohlbekommenden Genuß desselben. Dies ist besonders in Holland und den angrenzenden Niederlanden der Fall. Aerzte rathen Gesunden, Kranken und Reconvalescenten meist den Genuß des Moselweines an. — Das beste Zeugniß aber giebt ihm sein Vaterland. Obgleich es schon an sich sehr lobenswerth und verdienstlich ist, ein gutes im Lande selbst erzogenes reines Product so zu würdigen, daß man es allen fremden, theuern, oft geschmierten, und sonst widerwärtig oder gar schädlich verunreinigten Weinen weit vorzieht, und nicht den Hang zum Ausländischen andern teutschen Nachbarländern so häufig nachäfft, so ist doch nicht der Vorzug des Moselweines vor andern allein darin begründet, weil er als heimischer Wein wohlfeiler ist, und als Eingeborner schon auf ein großes Recht der Vorliebe Anspruch macht, sondern man schätzt ihn in seinen Eigenschaften, die von jeher als gute anerkannt und durch Generationen hindurch bestätigt, ihm im Lande, wo man ihn immer ächt genießt, den Vorzug und Ruf vor allen andern Weinen erworben haben Wenn der Anwohner der Mosel bescheiden das Rühmen mancher fremder Weine anhört und zugiebt, so behauptet er mit einem gewissen sichern Stolze die gesunden Eigenschaften seines Pflegekindes, den ihm seine und seiner Voraltern Erfahrungen eingeflößt und bewahrt haben, und trinkt ihn in dieser Ueberzeugung täglich, bey und nach seinen Arbeiten, in derjenigen gewohnten Menge, von welcher er sich eine Reihe von Jahren hindurch gesund und erquickt gefühlt hat.

Vinum Mosellanum, est omni tempore sanum, wurde der Wahlspruch der Gelehrten an der Mosel, die ihrem Lieblinge von jeher gar viele Ehre, wahrscheinlich aus derselben Dankbarkeit zufließen ließen, welche schon Sirach dazu bestimmte, des Weines Lob durch einige Kernsprüche auszudrücken. Obwohl diese Classe seiner Verehrer mehr Flaschen als den Kopf sich darüber zerbrochen haben mögen, um den gefeierten Moseler, wie es oft schon für andere Weinen geschehen, durch glänzende Gedichte und andere gelehrte Denkmale zu verewigen, und sich überhaupt ihre Grundsätze hierbey mehr aus der Praxis als aus der Theorie abstrahirt zu haben scheinen, so stößt man doch öfters auf manche bleibende Beweise ihres dankbaren Andenkens. So z. B. trifft man nicht wenige ausgezeichnete Weinberge mancher an der Mosel gelegenen Orte an, welchen in Bezug der Heilsamkeit ihrer Weine der Name Doctor beygelegt ist, von deren Heilkraft oft wunderliche Sagen im Munde des Volkes gehen.

Es ist daher begreiflich, wie sehr der Moselwein im Besitz der angegebenen Eigenschaften dem Stande der Gelehrten zusagt, indem der schädliche Einfluß sehr starker Weine, welche, anstatt ihnen die durch starke Geistesanstrengungen verursachte Abspannung zu heben, und sie zu fortgesetzten Arbeiten zu ermuntern und zu stärken, bey etwas stärkerem Genusse Kopf und Nerven durch Ueberreizung noch mehr nachtheilig angreifen und fortgesetzt den größten Nachtheil bringen. Wenn daher der Gelehrte, der den Wein als Unterstützungsmittel in seinen Arbeiten zu Hülfe nimmt, einen sehr geistigen Wein sich nur ganz spärlich und vorsichtig zumessen darf, wenn er statt des Vortheils keinen Nachtheil für seine Gesundheit fürchten will, so kann er mit einem guten Moselweine schon freygebiger gegen sich selbst, sowohl in Hinsicht der Zeit als der Menge des Genusses seyn, indem derselbe mäßig genossen, bey dem gänzlichen Mangel aller übeln Nachwirkungen, den vortheilhaftesten Einfluß auf die Belebung und Aufheiterung aller durch geistige Anstrengung ermüdeter Seelenkräfte ausübt, sie zu ihrem Aufschwung von Neuem beflügelt.

In den Jahren, wo das Alter anfängt, eine drückende Bürde zu werden, indem alle Körper- und Seelenkräfte abnehmen, die Ernährung unthätiger, der Körper trockner, saftloser, der Kreißlauf langsamer wird, Rigidität der Faser, Verstopfung der Gefäße und Eingeweide, besonders gerne aber eine Verderbniß der Säfte und eine nachtheilige Verminderung der Harnabsonderung eintritt, pflegt der mäßige Genuß eines edeln Moselweines ausnehmend wohlthätig zu werden, indem er die Kräfte auffrischt, die Verdauung und Lebenswärme unterstützt, durch kräftige Einwirkung auf die Verstärkung der Absonderung, besonders des Harnes, jener Ausartung der Säfte entgegenwirkt, und dadurch Vieles zu einem gesünderen, glücklichen Alter beyzutragen vermag, wozu viele kräftige siebenzig- und achtzigjährige Greise, welche man an der Mosel antrifft, den besten Beweis liefern mögen. Es kann also auch vorzüglich vom Moselweine gelten, wenn van Swieten *) sagt: Inprimis senibus prodest moderatus vini usus, quod ideo lac senum dicitur.

Wenn wir den aus der Erfahrung entnommenen richtigen Grundsatz, daß der Schaden, welchen die geistigen Getränke auf der Welt stiften, ihren Nutzen für die Menschheit ungeheuer überwiege, hauptsächlich dem Mißbrauche derselben zuschreiben müssen, so ist es hinwiederum auch gar nicht zu läugnen, daß ein Wein von den angegebenen guten Eigenschaften, in gehörigem Maaße, zur schicklichen Zeit genossen, vielen Menschen als Getränk zu einem wahren Labsal wird, und als eine herrliche Lebenswürze angesehen werden kann.

*) Comment. in Boerhavii aphor. T. I. p. 33.

Dies weiß jeder Mensch, der ihn gerne und auf eine unschädliche Weise genießt, und mögen die Aerzte predigen, wie scharf und strenge sie wollen und können: es hilft alles nichts, der Wein wird doch getrunken, und zwar mitunter mit allem Rechte. Zimmermann *) sagt sogar von den starken Brandtweinen: »Der mäßige Gebrauch dieser Getränke würde vielleicht eher heilsam als schädlich seyn, wenn man nur diesen Gebrauch kennte. Aber nur wenige Menschen rasen mit Vernunft, und sehr vielen Diätärzten geht es wie den Bauchpfaffen, die immer wider die Unmäßigkeit predigen und auf der Kanzel immer rülpsen.«

Ein großer Theil des Menschengeschlechtes lebt nicht mehr in jenem ursprünglichen, kräftigen Naturzustande, welchen uns die ältere Geschichte als Ideal der Gesundheit von unsern Vorfahren dargestellt hat. Es ist bekannt, wie nachtheilig für die Menschen das Zusammenwohnen in größern Städten, die Beschäftigungen des Gelehrten-, Künstler- und Handwerksstandes, wie schädlich die dadurch bestimmte Lebensart in Hinsicht auf Essen, Trinken, Kleidung, die dahin einschlagende Einführung mancher Produkte fremder Climate auf jene eingewirkt, und sie ihrem ehemaligen Naturbilde zum großen Theil unähnlicher gemacht, oft entartet hat. Hierdurch ist nun auch manches Mittel (namentlich ein unseeliges Heer von Arzneyen) nöthiger geworden, welches die daraus entsprossenen Unbequemlichkeiten und Gebrechen mildert, ihnen abhilft, die ohne dasselbe ihren nachtheiligen Einfluß auf den Menschen hinfort behaupten würden.

---

*) v. d. Erfahrung rc. B. 2. S. 315.

In diesen Umständen findet denn auch sicher der zweckmäßige Genuß eines gesunden Weines seine Entschuldigungen, und es kommt alsdann natürlich bey jeder Empfehlung eines solchen Getränkes hauptsächlich darauf an, die Art und Weise der Bedingungen oder diejenigen Regeln festzustellen, bey deren Befolgung dasselbe nützlich oder am wenigsten schädlich für den menschlichen Organismus werden kann. Will der Mensch dann nicht hören; warum fährt er denn fort, fragt Frank, auf die Aerzte zu schimpfen und ihnen mit Plinius nachzurufen: Siehe da! . . sie leben von unserem Untergang! . . ?

Gesunde, starke Menschen bedürfen des Weines überhaupt nicht als Getränk; selbst nach geistigen und körperlichen Anstrengungen wird er ihnen nicht nothwendig, weil sich der daraus folgende Verlust der Kräfte durch einfache Nahrungsmittel, angemessene Ruhe, Schlaf, hinlänglich wieder ersetzt.

Sehr starke, geistige Weine werden solchen Constitutionen insgemein schädlich, besonders wenn sie sich an deren Genuß stark gewöhnen, indem sie ihnen alsdann sehr leicht eine Disposition zur Blutwallung, Hinströmen des Blutes nach denjenigen edlen Theilen, welche vermöge ihrer Funktion sehr viel Blut erhalten, daher besonders nach dem Gehirne und den Lungen, Anlage zu Entzündungen und Blutflüssen aller Art aneignet.

Wollen solche Personen aber durchaus Wein trinken, so werden ihnen von allen Weinen noch am besten die Moselweine aus der zweyten und dritten Classe zusagen, wenn sie dieselben in dem Maaße genießen, daß sie durchaus nicht merklich erhitzen und sich nicht stets daran gewöhnen. Vollblütigen aber, welche ohnehin schon die Anlage zu jenen krankhaften Zuständen, oder gar eine apoplectische, eine phtysische besitzen, oder sich in ähnlichen nur relativ gesunden Zuständen befinden, ist der Wein gänzlich verboten, und auf sie hauptsächlich der Ausspruch von Du Moulin anwendbar: Je vous laisse en mourant deux grands medecins, la diète et l'eau.

Der Wein muß ferner im Allgemeinen vermieden werden im jugendlichen Alter, besonders aber, wenn der Körper gesunder Menschen während seines Wachsthums in diejenigen Entwicklungsperioden eintritt, in welchen das Gefäßsystem einen vorzüglich thätigen Antheil nimmt, hauptsächlich bey der eintretenden Pubertät beyder Geschlechter, so wie überhaupt in allen Vorgängen, durch welche der Körper seine physische Ausbildung erhält. Alsdann ist er, übermäßig genossen, wie unser Zimmermann anführt, was der Dünger für die Bäume sey: er treibe die Frucht und schade den Bäumen. In der Schwangerschaft ist er schädlich, bewirkt oft Mißfälle. Im Alter beschleunigt er, bey zu reichlichem Genusse die mit demselben eintretende Rigidität der Faser und das Herannahen aller Gefolge der Altersschwäche. Parcior vini usus in senibus esto, nec tenellae aetati porrigitor sagt Murray.

Aus dem Vorhergehenden ist es nun begreiflich, daß selbst der zum Getränk tauglichste Wein nicht den ganzen Tag über zu diesem Zwecke ohne den größten Nachtheil für die Gesundheit genossen werden könne. Ueberblicken wir aber die zum Weingenusse bestimmten Tageszeiten, so finden wir eine große Abweichung in ihren Meinungen.

Vom Weintrinken des Morgens.

Der Ansicht derjenigen, welche den Wein auch des Morgens zum Frühstück oder selbst eine Stunde vor dem Mittagsmahle zum Getränk empfehlen, können wir im Allgemeinen nicht beypflichten, und zwar aus folgenden Gründen:

Der gesunde Mensch hat während der nächtlichen Ruhe und dem Schlafe, die am vorhergegangenen Tage durch körperliche oder geistige Anstrengungen eingebüßten Kräfte wieder gesammelt; sie sind also auch, des Morgens erneut, wiederum am lebendigsten und thätigsten, und bedürfen zu dieser Zeit keines Reizes zur Auffrischung, weil sie im gewöhnlichen Leben und thätigen Treiben nicht so bald erschöpft werden. Dies beweist sich hauptsächlich dadurch am besten, daß der Wein des Morgens bey einem großen Vorrath geistiger Lebensthätigkeit die noch frischen und lebendigen Geisteskräfte und Sinne in einer Menge exaltirt, welche des Abends genossen, keine merkbare Veränderung in jenen hervorbringen könnte. Alle Vorboten des Rausches, und dieser selbst finden sich alsdann bey den meisten Menschen weit geschwinder und heftiger ein, und für diejenigen, bey welchen dieses der Fall zu seyn pflegt, ist gewöhnlich der ganze übrige Tag verdorben, indem die jener Aufreizung nachfolgende Abspannung die Lust zu allen noch übrigen Geschäften, besonders aber zu geistigen sehr benimmt, und den Menschen in der Regel bald abstumpft, wenn dieses Verfahren längere Zeit fortgesetzt wird. Durch die hierbey Statt findende überreizende Anstrengung der Körper- und Seelenkräfte wird denn auch natürlich die

Verdauung des darauf genossenen Mahles gestört und verhindert, indem der so nothwendige Einfluß des höhern Nervenlebens und der Irritabilität auf die Verdauung, durch deren Occupation vom Weine zum Theil oder ganz von den Verdauungsorganen abgezogen ist, und so alle Kräfte und Thätigkeiten des Körpers eine sehr verkehrte Richtung erhalten.

Es möchte daher höchstens nur denjenigen, welche durch starke Anstrengungen des Körpers oder Geistes sich ermattet fühlen, besonders aber wenn sie einen schwachen und kränklichen Körper besitzen, und keine Gegenanzeige im Wege steht, eine oder zwey Stunden vor dem Mittagessen, ein alter Moselwein in dem Maaße zu erlauben, selbst zu empfehlen seyn, bey welchem sie sich erquickt und gestärkt, keineswegs aber geistig exaltirt, noch weniger aber körperlich angegriffen fühlen. Diesen Zweck werden alsdann am besten die alten, edeln Sorten der Moselweine aus der ersten und zweyten Classe erfüllen, wozu vorzüglich die Weine vom Braunenberg, die rothen und weißen aus Pisport, der Zeltinger, Wehlener und Graacher von den Jahren 1811, 1815 und 1818 am passendsten dienen können.

Vom Weintrinken über Tische.

Inter prandendum sit saepe parumque bibendum.

Schola Salern.

Der Wein wird von den meisten und besten Aerzten als ein Mittel, welches die Verdauung der Speisen befördere, folglich bey den Mahlzeiten genossen werden könne, aus Erfahrung empfohlen. In dieser

Eigenschaft gleicht er also in seiner Wirkung denjenigen Zusätzen, welche man den Speisen, um sie wohlschmeckend und zur Verdauung geschickter zu machen, beyzumischen pflegt, indem er durch seine reizenden Bestandtheile die Kräfte des Körpers überhaupt und die des Magens und der übrigen Verdauungsorgane insbesondere, um diesen Zweck zu erfüllen, zur verstärkten Thätigkeit anregt, und durch seine wäßrigen Bestandtheile zugleich das Vehikel hergiebt, wodurch die zur Verdauung nothwendigen Säfte, als Speichel, Magensaft, Galle, der Saft der Bauchspeicheldrüse rc. um so mehr zur Zersetzung und Trennung der Speisen in ihre Grundbestandtheile auf chemisch-dynamische Weise einwirken können. Es versteht sich, daß ein Wein, welchen man zu diesem Behufe anwenden will, jene angegebenen Eigenschaften in einem gewissen Verhältnisse besitzen müsse, damit er durch eine zu große Reichhaltigkeit an Geist nicht überreize, auch nicht durch einen starken Antheil freyer Säure, oder gar in zu großer Menge genossen, störend auf die Verdauung einwirke, indem sonst weder die Kräfte noch die abgeschiedenen zersetzenden Stoffe der zu jener bestimmten Eingeweide hinreichen würden, die Decomposition der Speisen zu bewirken, folglich eine bedeutende Störung im Verdauungsgeschäft nothwendig erfolgen müsse. Ein gesunder Mensch verdaut gut, bedarf daher zwar des Weines als Verdauungsmittel gar nicht, allein es ist auch nicht zu läugnen, und durch tausendfältige Erfahrung bestätigt, daß der Wein in geringer Menge beym Essen genossen, den Verdauungsproceß nicht störe, sondern vielmehr auf eine ähnliche Art wie andere einfachen Zusätze, welche die gemeine Kochkunst den Speisen theils zur Verbesserung ihres Geschmackes oder zur Beförderung ihrer Fähigkeit, verdaut zu werden, beygiebt, einwirken kann, welches bey schwächlichen Menschen, besonders solchen, deren Verdauung aus mancherley krankhaften Ursachen träge von Statten geht, noch weit vortheilhafter seyn muß.

Ritter *) nennt den von allen Aerzten ausgesprochenen Lehrsatz «daß der Wein bey der Mahlzeit genossen, die Verdauung befördere» grundfalsch und die Gesundheit in hohem Maaße gefährdend, und kann sich nicht genug über die Inconsequenz, die unglaubliche Verkehrtheit wundern, mit der wir die weisen Veranstaltungen der Natur zu vernichten streben, indem wir geistige Getränke dem Speisebrey beymischen. Er geht dabey hauptsächlich von dem Grundsatz aus, daß man die durch die Natur beabsichtigte Trennung und Auflösung der verbundenen Nahrungsstoffe hindere und aufhalte, und sucht ihn dadurch zu beweisen, daß, wenn man vegetabilische oder animalische zur Nahrung bestimmte Substanzen, recht lange vor Zersetzung, Fäulniß, d. h. vor der Auflösung, Trennung ihrer Bestandtheile bewahren wolle, so übergieße man sie mit Brandwein, Wein oder Essig, und fragt nun: Muß denn nun aber nicht das Nemliche im Magen erfolgen, wenn zu diesen Substanzen Geistiges gemischt wird? werden sie denn da nicht denselben Gesetzen gehorchen, wie außer ihm? glaubt auch endlich, dies wäre so klar in die Augen springend, daß es weiter keines Wortes als Beweis bedürfe, um so mehr, da es die Erfahrung täglich bestätige, daß es in ihr, wie in der

*) A. a. O. S. 135. u. f.

Theorie wirklich gegeben sey: Wer Geistiges bey der Mahlzeit trinke, verdaue viel langsamer, d. h. schlechter als der, der gar nicht, oder nur eine mäßige Menge Wasser trinke.

Wir stimmen Ritter nur insofern bey, als ein zu reichlicher Genuß des Weines während der Mahlzeit wirklich die von ihm angegebenen Wirkungen hervorbringen muß, können aber keineswegs in seine Ansicht eingehen, nach welcher der Wein im Magen denselben Einfluß zur Verhinderung einer Zersetzung oder Fäulniß der Speisen, wie in einem Topfe ausüben soll, indem der Vorgang der Verdauung keineswegs mit dem Proceß der Fäulniß außer dem Körper vergleichbar ist, und die Vermischung des Weines mit den Speisen und Verdauungssäften im Magen und Darmkanale als Organe eines lebenden Körpers, ebenfalls keinen Vergleich mit jener außerhalb desselben erleiden kann, welche die Zersetzung der Stoffe verhindern. Setzen wir nicht täglich vielen Speisen, besonders dem rohen Salate eine Menge Essig, und zwar oft noch in Verbindung mit Oel ohne besondern Nachtheil zu? und wie gering verhält sich gegen sie der in einem großen Vehikel verdünnte Antheil von Essigsäure des Moselweines?

Je gesunder und unverwöhnter Zunge und Magen sind, desto weniger bedürfen sie der Gewürze und anderer Zuthaten zur Erhöhung des Geschmackes und Anreizung des Magens zur Verdauung. Ein mäßiger Zusatz derselben wird aber bey unserer Lebensart keinen besondern Nachtheil hervorbringen, besonders wenn man desselben, wie es in allen civilisirten Ländern der Fall ist, von jeher gewohnt war. Auf ähnliche Art wirkt ein Wein, dessen geistiger Bestandtheil nicht zu vorherrschend ist, und dessen Genuß nicht in so großer Menge Statt findet, daß er wie die zu reichlich den Speisen beygemischten Gewürze, Salz u. dergl. den Magen überreize, und die Concoction der Speisen verhindere. In rechtem Maaße regt der geistige und würzige Antheil des Weines die Kräfte des Magens zur Verdauung des Genossenen auf eine gelinde, wohlthätige Weise an; die Oxydation der Speisen im Magen wird durch die nachfolgende Zersetzung desselben befördert, die Schärfe mancher Speisen besänftigt, ihre öligten Theile mit den wäßrigen, welche ein Hauptagens bey der Verdauung abgeben, innig vermischt, und dadurch die Zersetzung der Gesammtmasse zur Erzeugung eines gesunden Chylus im Zwölffingerdarm durch die Galle und den Saft des Pancreas erleichtert.

Wenn daher aus angegebenen Gründen nur ein leichterer Wein, der keine besonders freye Säure enthält, zum Tischweine gewählt werden darf, so kenne ich keinen, der jenem Zwecke besser entsprechen kann, als die Moselweine aus der zweiten und dritten Classe von guten Jahrgängen, welche alle zu dieser Art von Getränken erforderlichen Eigenschaften in einem sehr erwünschten Verhältnisse in sich vereinigen. Jung dürfen sie zu diesem Gebrauche nicht genossen werden, denn sie stören alsdann leicht die Verdauung durch ihren reichlichen Gehalt an Kohlensäure eben so, wie die bey Mahlzeiten genossenen mineralischen Wasser, die einen großen Antheil derselben besitzen, indem sie Aufstoßen, Flatulenz u. s. w. verursachen, welches noch mehr in ihrer Vermischung mit jungen Moselweinen beym Essen geschieht.

Starke, sehr geistreiche Weine, welche wenig des zu ihrer Verdauung so nothwendigen Wassers enthalten, stören den Verdauungsproceß durch Ueberreizung, besonders wenn sie anhaltend genossen werden, und solche, die noch dabey ein Uebermaaß von Zuckerstoff besitzen, stimmen in Verbindung mit den Speisen die Secretionen des Magens zur vorwaltenden sauren Ausartung um, indem in ihm alles Genossene, besonders was aus dem vegetabilischen Reiche abstammt, oxydirt, daher eine Menge Säure aus ihnen erzeugt wird. Es ist daher sehr zu verwundern, wenn Löbenstein-Löbel Portwein, Malaga, Tokayer, die Weine aus Cypern, vom Cap der guten Hoffnung und andere ähnliche zu Tischweinen empfiehlt. Es ist ein Anderes, solche Weine als stimulirendes Heilmittel, ein Anderes, sie mit Speisen zu genießen.

Soll der Gebrauch der Tischweine keinen Schaden bringen, so genieße man sie in geringer Menge, und es gilt hier was Murray *) vom Weine sagt: Quod ad vires vini attinet, condimenti potius vicibus quam potus perfungi memento, moderate vero potatum praestantiae singularis esse. — Das Maaß des Genusses derselben läßt sich im Allgemeinen nicht festsetzen, indem die Arten der Weine unter sich, nach den Jahrgängen und ihrem Alter verschieden sind, eine Constitution sie besser und in größerer Menge verträgt, als die andere. Das Wohlbekommen ist auch hier wieder die Richtschnur, welche man selten oder nie aus den Augen verlieren soll. Werden die Weine auf die beym

*) Apparatus medicaminum, Vol. I. p. 317.

Morgenstrank angegebene Weise genossen, so schaden sie nicht. Im Allgemeinen läßt sich aber kühn vom Moselweine behaupten, daß man ihn reichlicher zu diesem Zwecke verwenden könne, als alle andere Weine, welches, möge man dagegen einwenden, was man wolle, die vielfältigsten in unsern Gegenden vorkommenden Erfahrungen bestätigen, indem nur ganz allein solche, die den Wein in zu großer Menge, und dabey noch aus Kargheit die allerschlechtesten Sorten über Tische zu genießen pflegen, über Säure und andere durch ihn erregten Verdauungsbeschwerden zu klagen haben, welches alles in andern Weingegenden z. B. am Rheine, bey weitem häufiger der Fall ist.

Besondere Vorsicht erfordert der Tischgebrauch des Weines überhaupt von Solchen, welche, im Verhältniß zur animalischen Kost, zu viele und saure Vegetabilien genießen, weil diese an sich schon bey schwächern Verdauungswerkzeugen die saure Ausartung des Magensaftes begünstigen, die alsdann durch den Wein nur noch mehr vermehrt werden muß. Am meisten aber sollen sich die Fettesser vor reichlicherem Genuß des Weines hüten, weil hierdurch bey deren sehr gewöhnlich herabgestimmten Verdauungskräften das Freywerden der Fettsäure im Magen und in Verbindung mit dem schlecht verdauten Weine jene außerordentlich widrige und nachtheilige ranzige Verdorbenheit der Verdauungssäfte und Nahrungsmittel hervorgeht, die man auch beym Aufstoßen, besonders des Morgens und nach der Mahlzeit, durch ein kratzendes, brennendes Gefühl im Schlunde und in der Speiseröhre, wobey manchmal eine eben so schmeckende Flüssigkeit aus dem Magen in den Mund heraufgestoßen wird, empfindet, und welche den Körper zu so vielen Krankheiten disponirt, die eine krankhafte Mischung seiner Ernährungssäfte bekunden.

Von dem diätetischen Genusse des Weines als Erholungsgetränk.

Nach des Tages Mühen und Sorgen sehnt sich der thätige Mann nach Erholung; er bedarf der Ruhe und wünscht sich dabey meistens ein erfrischendes Getränk. Mit Wasser hat er sich während des Tages den Durst gelöscht, er wählt daher, wenn er ihn haben kann, den Wein, indem er weiß, daß dieses wohlschmeckende natürliche Getränk, ihn vor allen andern aufheitert, erquickt und stärkt, und ihm alsdann am besten bekommt; daher die Entstehung der Gewohnheit bey den meisten Freunden des Weines, ihn Abends in geselligen Cirkeln zu genießen. Wenn daher der Aufwand der des Morgens verbrauchten Kräfte durch das Mittagsmahl und die dabey gepflegte Ruhe ersetzt, und die Lebhaftigkeit der Sinne und Kräfte schon durch dessen Verdauung gemäßigt ist, so fühlt man nach den Geschäften des Nachmittags schon ein dringenderes Bedürfniß, die gegen Abend eintretende, größere Abspannung durch einen kräftigern Ersatz, als die Nahrungsmittel zu geben vermögen, zu verdrängen, und findet im Weine gewiß das zweckmäßigste und zugleich angenehmste Mittel, seine Wünsche zu befriedigen. Schon Homer *) läßt seine ermatteten Helden sich mit Wein und Brod stärken: *σίτου καὶ οἴνοιο τὸ γαρ μένος ἐςὶ καὶ αλκή.*

*) Iliad. lib. IX.

Stärkung und Erholung bleibt daher der Hauptzweck, welchen der Genuß des Weines als Getränk erfüllen soll, der aber auch hauptsächlich nur auf Gewohnheit beruht, welche im Weinlande selbst fast unter allen Volksklassen, auswärts aber mehr nur unter Wohlhabenden, vorzüglich unter den höhern Ständen verbreitet gefunden wird.

Ist am Abend der Magen und angränzende Theil des Darmkanales durch die vollkommne Verarbeitung seiner aufgenommenen Speisen entledigt, so wirkt der genossene Wein, der keine Stoffe mehr antrifft, mit denen er vermischt, sich länger daselbst verweilen, und in größerer Menge genossen, selbst deren Verdauung verspäten oder gar verhindern müßte, weit kräftiger zur Erfrischung der Eingeweide, zur directen Stärkung des irritabeln und sensibeln Systems ein, welche um diese Zeit, durch ihre des Tages über angestrengte Functionen am meisten erschöpft zu seyn pflegen, und daher den belebenden Eindruck des Weines am vortheilhaftesten aufnehmen können, indem ihre Kräfte nicht so leicht, wie zu jeder andern Zeit, wo sie noch in voller Thätigkeit sind, überspannt, sondern im Gegentheil der Verlust derselben auf eine sanfte und wohlthätige Weise ersetzt und ihre Erregbarkeit dadurch auf den Normalpunkt zurückgeführt wird.

Der edle Wein der Obermosel welchen die Natur in guten Jahren so glücklich gemischt hat, daß er seinen Alkohol, seine säuerlichen und übrigen Bestandtheile in der angenehmsten, innigsten Weinverbindung enthält, und deshalb in ihm weder der in andern starken Weinen überwiegende Alkoholgehalt das Nerven- und Gefäßsystem so leicht überreizen, noch die in schlechten Weinen vorwaltende Säure die Verdauungswerkzeuge belästigen kann, verdient daher in Betracht seiner vielen vortrefflichen Eigenschaften auch als Getränk vor allen übrigen Weinen den größten Vorzug, welchen ihm noch kein Freund des Weingenusses, der ihn von dieser Seite kennen lernte, versagen konnte.

Der strenge Diätetiker, welcher den Wein als Getränk im Allgemeinen gänzlich verbietet (und durch dieses Verbot eben keinen ganz besondern Nutzen stiftet, indem das Volk, dem der Wein bey mäßigem Genusse meistens wohl bekommt, ihm gar nicht glaubt), muß daher, bey wahrer Kenntniß des guten Moselweines der angegebenen Sorten, schon nachgiebiger werden, indem er sich in unserm Lande durch die vielfältigsten Erfahrungen die vollständige Ueberzeugung verschaffen kann, daß der mit Verstand und Umsicht geregelte mäßige Genuß des Moselweines nicht die nachtheiligen Wirkungen hervorbringe, welche den Wein überhaupt als Getränk in einen so übeln Ruf gesetzt haben.

Die Menge dieses zu genießenden Getränkes muß nach seiner Stärke, seinem Alter, dem Jahrgange, in welchem er erzeugt ist, nach der Constitution, dem Alter, der Lebensart, überhaupt nach der individuellen Gesundheit des Menschen bestimmt werden. Es kann daher natürlich dasselbe Maaß nicht für alle gelten. So vertragen Leute, die an den Wein gewöhnt sind, und solche, die bey einer regelmäßigen Lebensart starke Arbeiten mit Geist und Körper verrichten, denselben besser, als träge Menschen, welche unordentlich leben und sonstigen Ausschweifungen ergeben sind; solche, welche durch ihre physische und psychische Individualität mehr nach dem melancholischen und phlegmatischen Temperamente hinneigen, besser als Cholerische und Sanguinische, u. s. f.

Auch hier gilt wiederum die goldene Regel Cato's: Quod nimium est, fugito; parvo gaudere memento. Man verliere daher nie die Mäßigkeit im Weingenusse aus den Augen, denn nur durch sie kann er dem Körper zur Wohlthat werden. Eine Flasche ist zum täglichen Abendtranke schon zu viel. Sie lockt längere Zeit hindurch genossen, selbst bey robusten Constitutionen, nach und nach eins oder das andere der durch übermäßigen Weingenuß entstehenden Uebel hervor, und belebt am folgenden Tage den Trieb zur Fortsetzung, der sich sehr bald als jene beherrschende Gewohnheit einschleicht. Trotter sagt *): «Nach meinem Dafürhalten hat der gesunde Mensch nicht eher den Wein nöthig, als bis er ins vierzigste Jahr tritt; dann mag er mit zwey Gläsern täglich anfangen, im fünfzigsten mag er zwey Gläser zusetzen, und im sechzigsten kann er die Zahl bis auf sechs Gläser per diem steigern, doch nicht höher, und wenn er hundert Jahr alt werden sollte.» Dem weinliebenden Leser zum Troste meint jedoch der gestrenge Engländer dabey den Moselwein nicht, auf welchen sein harter Ausspruch glücklicherweise nicht anwendbar ist. Wir setzen daher, wenn doch einmal ein bestimmtes Maaß genannt werden muß, dasselbe für diejenigen, welche Wein trinken wollen und dürfen, höchstens auf eine halbe Preußische Quart fest, welches jedoch auch manchmal Ausnahmen erleidet. Im Allgemeinen aber schadet der Moselwein in dieser Quantität und nach und nach genossen nicht, und denjenigen wel-

*) A. a. O. S. 131.

che nicht dabey bleiben können, ist es gerathen, den Wein lieber ganz zu meiden.

Man wähle zu seinem Genusse die Abendszeit auf die Weise, daß er eine geraume Zeit bis höchstens eine Stunde vor dem Nachtessen genommen ist, trinke ihn nicht hastig nacheinander, oder gar auf einmal, esse wenig oder nichts dabey, besonders aber keine fette, saure oder andere, schwerverdauliche oder süßen Speisen, welche in Verbindung mit Wein gerne Säure hervorbringen, sondern etwa ein gutes Stück ausgebackenes nicht frisches Brod, Semmel oder Zwieback, und mache sich darauf eine kleine Bewegung, wenn man eine mehr sitzende Lebensart gewohnt ist.

Die Weine des Abendtrunkes müssen ebenfalls ganz entwickelt seyn, d. h. sie dürfen nichts Herbes, Festes u. s. w. mehr in ihrer Mischung verrathen, aber auch nicht zu stark seyn. Die bessern Sorten der ersten Classe sind, jung und von ausgezeichneten Jahrgängen, zum täglichen Gebrauche in der Quantität einer halben Flasche, zu stark, und da sie sich noch nicht vollständig entwickelt haben, zu angreifend; eben so viele Sorten der im Jahr 1819 gewachsenen aus der zweiten und dritten Classe. — Aus der ersten Classe dienen daher die Weine vom Jahr 1811, 1815, 1818, welche meistens in die Epoche ihrer Brauchbarkeit eingetreten sind. Die Weine von Zeltingen und Wehlen sind im zweiten, oft schon im ersten Jahre eben so wie die aus der zweiten und dritten Classe größtentheils brauchbar, auch alsdann durch ihre vortrefflichen Gähren am erfrischendsten und angenehmsten, besonders im hohen Sommer, und bekommen sehr gut.

In den Niederlanden trank man von jeher auf das

Anrathen der Aerzte den Moselwein nur, wenn er alt war, und seine Gähre eingebüßt hatte, und zwar ausschließlich im Sommer. In unsern Zeiten fängt man jedoch an einzusehen, daß der Moselwein, indem er sich früh vollständig entwickelt, in den ersten vier bis sechs Jahren genossen, am besten schmeckt und bekommt, weil er noch seine Kräfte beysammen hat.

Ich schließe dieses Kapitel mit der von Löbenstein-Löbel angeführten Stelle, in welcher Matthiolus, Dioscorides Commentator, das Lob des Weines welches sich ganz vorzüglich auf den edeln Moselwein paßt, also verkündet:

Cum profecto vinum sit liquor omnium suavissimus, praecipuum humanae vitae bonum, ac praestantissimum subsidium, vitalium spirituum regenerator maximus, ac omnium corporis tum facultatum, tum functionum instaurator optimus, cor laetificet, tueaturque summopere, nulli mirum esse debet, quod plantam, quae fructum fert, ex quo vinum exprimitur, vitem, quasi vitam appellaverint veteres. Verum non ob id gaudeant, jubilentque ii, qui vino nimis indulgent, quod ego ipsum tot laudibus extulerim. Quippe cum omne extremum (ut in commune proverbio est) sit vitiosum, si vinum immoderate, et plusquam deceat, bibatur, periculosos atque horrendos procreat morbos. Alias in ejus usu temperantia adhibeatur, tum ad alendum, tum etiam ad roborandum corpus omnium efficacissimum habetur. Quandoquidem purissimum generat sanguinem, ocissime in alimentum vertitur, concoctionem in quavis corporis parte adjuvat, animum addit, cerebrum purgat, intellectum excitat, cor exhilarat, spiritus vivificat, urinam ciet, flatus discutit, innatum calorem auget, convalescentes impinguat, cibi appetentiam invitat, sanguinem turbidum clarificat, obstructiones aperit, alimentum in universum corpus defert, calorem conciliat, et omne in corpore excrementosum dejicit etc.

Der Moselwein als Heilmittel.

Insofern man bey dem Genusse des Weines die Absicht hegt, auf einen kranken Organismus so einzuwirken, daß dadurch die Genesung eingeleitet oder befördert wird, wird er zum Heilmittel, und gehört als solches mehr in die Classe der flüchtigen oder durchdringend reizenden Mittel, welche bey ihrem Eintritt in den Körper schnell eine merklich stärkere Erregung hervorbringen, aber auch in ihren Wirkungen weniger anhaltend und ausdauernd sind Durch seine flüchtigen Bestandtheile wirkt er unmittelbar auf die Sinne und Kräfte und ersetzt die erschöpfte Nervenkraft und Reizbarkeit, durch seine fixern mehr auf die Mischung des Körpers, doch so, daß sich diese Wirkungen auch immer wieder gegenseitig bedingen. Die Aeußerungen der durch sie im Körper hervorgebrachten Reaction sind verschieden nach den qualitativen und quantitativen Verschiedenheiten in den Verhältnissen und Bindungen der Bestandtheile eines Weines zu einander, daher ihr Unterschied im Zucker, Schleim, Oel, Brandwein, Wein, welche alle einerley nähere Bestandtheile haben.

Nach dieser Eigenthümlichkeit seiner Bestandtheile muß daher der Moselwein auch etwas Eigenes in seiner Wirkung haben, und sich dadurch unter allen andern Weinen, welchen er auch in allen seinen sinnlichen Eigenschaften nicht gleicht, auszeichnen.

Die chemische Analyse seiner Bestandtheile reicht aber zur Auffindung dieses Unterschiedes seiner Wirkungen eben so wenig, wie bey vielen andern zusammengesetzten Arzneystoffen, allein nicht hin, indem sie die natürliche Totalmischung derselben zerstört, durch welche der Wein, als solcher, nur wirken kann. Die Kenntniß seiner Arzneykräfte muß daher auch auf empyrischem Wege durch die Erfahrung ausgemittelt werden.

Diese Erfahrung über die Wirksamkeit eines Weines kann auf doppelte Weise erlangt werden:

1) Diejenige, welche der Arzt aus der Beobachtung der Verhältnisse des gesunden Menschen zu dem ihm zuträglichen Weingenuß in Bezug auf die Erhaltung seiner Gesundheit erwirbt. Hier wird er vom Standpunkte der Hygieine betrachtet.

2) Die Erfahrung, welche man durch absichtliches Experimentiren am Krankenbette erworben hat. Hier wird der Wein Heilmittel im engern Sinne des Wortes, indem er durch die Willkühr des Arztes, durch seine Idee dem Zwecke der Genesung gemäß bestimmt wird, und gehört in die Heilmittellehre.

Diese Erfahrungen beyderley können sich gegenseitig Aufschluß geben, deßhalb werden sie am besten im Zusammenhange erzählt.

Indem wir nun insbesondere von der Einwirkung des Moselweines auf den kranken Lebensprozeß reden, schließen wir um alle unnöthige Weitläuftigkeit zu vermeiden, die Darstellung seiner Heilkräfte und seiner Gegenanzeigen, welche er mit andern edlen Weinen, als solcher, in Gemeinschaft besitzt, aus, indem wir sie als sattsam bekannt, voraussetzen müssen, und begnügen uns blos, seine Eigenthümlichkeiten in jener Beziehung herauszuheben.

In allen fieberhaften Krankheiten, welche in gewissen Perioden den Gebrauch des Weines erheischen, leisten die edelsten Sorten des Moselweines vortreffliche Dienste, indem er als gutes cardiacum wirkt, und weder auf Gehirn und Nerven, noch auf das Gefäßsystem zu tumultuarisch einwirkt. Im sporadischen Typhus torpider Art, mit Neigung der Säfte zur Ausartung, hatte ich sehr oft Gelegenheit, mich von dieser Wirksamkeit zu überzeugen. Von ganz vorzüglichem Nutzen fand ich ihn noch jüngst bey einer Familie, von welcher fünf Individuen aus Mangel an guter Nahrung, in einer schlechten Wohnung an dieser Krankheit litten, die hauptsächlich dem Gebrauche des angenehm säuerlichen Moselweines ihre Rettung verdankten, der alsdann, weil er keine übeln Nebenwirkungen äußert, reichlicher wie jeder andere Wein zu Hülfe gezogen werden kann. Es ist hier von Helmont's *) Ausspruch auf ihn anwendbar: Vinum autem peculiarem habet indicationem: non solum quia vires addit, quibus natura exosam materiam domat; verum insuper, quod sit plaustrum medicaminum conveniens. Est nimirum nuntius, qui vias novit, itineri accinctus, charus intimis et admissus in penetralia. Er befördert im rechten Zeitpunkte genossen die Crisen durch den Weg der Haut, des Darmkanals und hauptsächlich der Nie-

*) De febribus, cap. 12, p. 773.

ren, und kann in solchen Fällen oft unvermischt angewendet werden.

Ist die Reaction der Lebenskraft in Fiebern dieser Art noch nicht so sehr gesunken, so giebt man nach van Swieten's Rath am besten den Wein mit vielem Wasser verdünnt, wählt die weniger starken und mehr säuerliche Sorten, und hat alsdann nicht nothwendig, ihn mit Himbeeren-Johannistrauben-Saft oder Syrup u. dergl. zu versetzen.

Bey ansteckenden und epidemischen Krankheiten ist der mäßige Gebrauch des Moselweines eins der besten Vorbauungsmittel, ein sanfter physischer Reiz, welcher, in Verbindung mit einer nahrhaften etwas belebenden Diät, durch Aufheiterung des Geistes die Furcht vor Ansteckung unterdrückt, dem Körper stärkere Energie mittheilt krankhaften Eindrücken zu widerstehen, und durch verstärkte Absonderungen und Ausleerungen oft einen schon aufgenommenen Krankheitsstoff, ehe er schaden kann, entfernt. Man kann ihn um so mehr bis zur Erweckung von Munterkeit, Lebhaftigkeit und verstärkter Ausdünstung genießen, weil er nicht so wie andere Weine, Abspannung und andere üble Rückwirkungen hinterläßt.

Der hauptsächlichste Nutzen des Moselweines als Heilmittel beruht auf seiner Wirkung in verschiedenen chronischen Krankheiten. Vorzüglich aber bewährt sich dieser gegen die Erzeugung der Harnsteine. Für diese Eigenschaft desselben kann ich wohl keinen besseren Beweis beybringen, als die aus der allgemeinen und richtigen Beobachtung geflossene Erfahrung, daß es unter der Weintrinkenden Volksklasse an der Mosel nur höchst selten, oder wohl gar keine Harnsteine giebt, wie ich durch die sorgfältigsten Erkundigungen sowohl vom Volke als auch von meinen ältern Collegen gewahr worden bin. Ich führe daher auch noch das Urtheil auswärtiger Aerzte über diesen Gegenstand an.

Löbenstein - Löbel hat die Betrachtung dieser wichtigen Wirkungskraft des Moselweines ganz übergangen, Ritter *) aber sagt: «Es giebt einen Fall, wo junge säuerliche Moselweine als ein unterstützendes Heilmittel angewendet werden können: bey Griesbeschwerden nemlich, wo oft ein entzündlicher Zustand einzutreten droht, der Harn nur sparsam und mit Mühe abgeht. Da pflegen sie die Absonderung desselben wohlthätig, vermöge ihrer wahrhaft diuretischen Kräfte, hervorzurufen, und seine Ausscheidung zu befördern. Man lasse sich hier ja nicht etwa von dem verjährten Vorurtheile, Gries und Stein würden ja von jungen säuerlichen Weinen erzeugt, wie man ja in jeder Schrift über diese Krankheit finde, abschrecken. Es ist daran kein Wort wahr, wie ich es in meiner Abhandlung «über die Lösung der Steine in der Harnblase» überzeugend dargethan habe. Nicht geistlose, wäßrige, säuerliche, junge Weine geben zur Erzeugung der Nieren- und Blasensteine Veranlassung, sondern im Gegentheil junge, feurige, süße, zuckerreiche, geistige thun dies, wie die Erfahrung, vorzüglich im südlichen Frankreich lehrt, wo diese Krankheiten so häufig vorkommen. Am Rheine, an der Mosel und auch in Franken ist diese Krankheit sehr selten.»

Diese Stelle spricht nun ganz gut der steintreibenden Kraft des Moselweines das Wort, nur kommen

*) A. a. O. S. 171.

ihm die demselben darin beygelegten Prädicate: wäßrig, geistlos nicht zu, wie es die chemische Analyse desselben wohl genügend widerlegt hat.

Aller Bemühungen ungeachtet, konnte ich kein Beyspiel von Steinerzeugung in unserer Gegend auffinden. In Franken aber sind die Beyspiele nicht so sehr selten, wie Ritter meint, indem ich während eines vierjährigen Aufenthaltes in Würzburg öfters Gelegenheit hatte, Steinkranke zu sehen, und in dem dortigen ambulatorischen Klinikum unter der Leitung meines, leider zu früh verstorbenen Lehrers Horsch, der selbst daran gelitten hat, selbst zu behandeln. Am Rheine sind Harnsteine, obwohl selten, doch eher wie an der Mosel anzutreffen, wofür sowohl meine eigene und meines Vaters in der Heimath gemachte Beobachtungen, als auch die Mittheilungen mehrerer rheinischer Aerzte über die Heilkräfte des Moselweines gegen Griesbeschwerden sprechen, worunter ich nur derjenigen des würdigen Arztes Dr. Wolff d. ä. in Bonn gedenke, welcher durch die Anwendung des jungen Moselweines, besonders in Verbindung mit einem kohlensauren Mineralwasser, Steingrieß öfters abgetrieben zu haben versichert.

Die steintreibende Kraft des Moselweines ist auch von jeher schon unter den Aerzten und dem Volke der hiesigen Gegenden hauptsächlich deshalb bekannt und berühmt, weil in denselben, weder bey Kindern noch bey Erwachsenen, Harnsteine vorkommen. In der Mitte des siebenzehnten Jahrhunderts rühmt schon der mehrbenannte J. Hofmann den Trarbacher Wein aus eigner Erfahrung: «Dannoch ist dessen erste Tugend, womit ich ihn durch eigenes Exempel trefflich begabt weiß, daß er die Nieren und Blasen sonder Gewaltsamkeit reiniget, und dannenhero, als ein bewehrtes Mittel wider das Grieß, oder den Stein, sonderheitlich dienet *).

Dieser vortheilhafte Ruf hat sich von jener Zeit an bis jetzt im Lande erhalten.

Aber auch die damaligen Aerzte kannten schon diese Wirkung der Moselweine. Der unsterbliche Boerhaave rühmte bey Aufzählung der Mittel gegen den Nierenstein den potum ex sero lactis in mense Maji, ex vino Mosellano subtili **). Von den Neueren

*) A. a. O. S. 429. Lustig aber ist seine die damalige Zeit characterisirende Vorstellung von der Wirkungsweise des Moselweines: «Die Ursache dessen» fährt er fort «lasse ich den Artzneyverständigen gern anheim gestellt, jedoch dünkt mich, gleich wie dieselbe sonst das Kraut, Steinbrech genannt, mit dergleichen Kraft begabt wissen wollen, worzu die Natur leitet, weil es mitten zwischen den Steinen herauswächst, daß darumb dem Moßlerwein auch etwas solches anhange, weil er mehr aus zermalmten Steinen, als aus schlechtem Erdreich seinen Ursprung herführet.» — Wichtiger ist die Bemerkung: «Um solcher Ursach willen hat zu meiner Zeit, etwa vor vier Jahren, (er schrieb im Jahr 1669) Keyserl. Majestät Feld-Marschalk, Herr Grav de Souche, durch eigene bestellte Abholung, eine ziemlich große Menge Moßler-Wein zu Trarbach erkaufen lassen, auch diesen Ort absonderlich, nach vorhin gepflogener Nachfrage, allen andern an diesem Strohm liegenden weit vorgezogen; welcher deswegen in dem Keyserlichen Freybriefe, so darüber an alle Reichsstände und Stätte Ihro Hoch-Gräfl. Excell. Leuthen ertheilt ware, welchen ich selber gesehen und gelesen, ausdrücklich und mit Nahmen genennt worden ꝛc. —

**) Praelectiones publicae de calculo. Londini apud Innys. 1741.

empfiehlt ihn vorzüglich Richter: Vina Mosellana aquosa diuretica, salubria arthriticis et calculosis *).

Außer diesen und andern Autoritäten giebt es aber noch mehrere wichtige Thatsachen, welche nicht minder zur Bestätigung der eben gepriesenen lithontriptischen Kraft des Moselweines dienen; ich meine die große Seltenheit derjenigen Krankheiten in unserer Gegend, welche das uropoetische System sowohl auf idiopathische als sympathische, primäre oder secundäre Art befallen können.

Unter der großen Menge von Kranken, welche ich seit fünf Jahren an der Mosel ärztlich zu behandeln hatte, befand sich kein einziger, der an einer idiopathischen Krankheit der Harnwerkzeuge sowohl acuter als chronischer Art gelitten hätte. Nur bey zwey Kranken hatte ich nöthig, den Catheter anzuwenden. Der Eine, ein Greis von 75 Jahren, welcher schon bey reiferem Alter als Hypochondrist an die Mosel kam und an Altersschwäche starb, litt in seinen letzten Tagen, wo der Verfall seiner Maschiene mit starkem Schritte herannahte, an Urinverhaltung; der zweite, ein entnervter Mann bekam sie durch Lähmung im Nervenfieber.

Wichtig ist ferner das an der Mosel seltenere Vorkommen derjenigen Krankheiten, welche nicht allein durch eine ähnliche oder gleiche, ihnen vorhergehende krankhafte Disposition des Körpers, die am häufigsten in einer eigenen Schwäche der Organe des Unterleibes mit Stockungen und abnormer Mischung des Blutes im Pfortadersysteme und fehlerhafter Sensibilität zu beruhen scheint, mit der Steinerzeugung verwandt sind,

*) Praecept. diaetet. p. 193.

sondern auch noch dadurch, daß sie nach ihrem Ausbruche öfters in ihrer Form wechseln, so daß eine in die andere übergeht, oder auch sich gleichzeitig mit ihr verbinden kann. Ich rechne hierher die Hämorrhoiden, Gicht, Podagra, Hypochondrie, das Blutbrechen, in welche Krankheitsformen, eine vor der andern, je nach Verschiedenheit der Individualität, sich jene Anlage endlich auflößt und oft, durch dieselben temporär gehoben wird.

Die allgemeinen Hämorrhoiden, unter welchen ich diejenigen verstehe, welche in einer ausgebreiteten Disposition des Körpers, und nicht in einem blos localen Leiden der Mastdarmgefäße begrundet sind, habe ich im Verhältniß zu andern Gegenden, bey uns ungemein viel seltener angetroffen, und die wenigen Fälle, welche vorkamen, waren meistens durch auffallende Gelegenheitsursachen, die auf einzelne Subjecte oder ganze Familien besonders stark einwirkten, hervorgebracht worden: als vorzüglich durch erschlaffende Speisen und Getränke, besonders übermäßigen Genuß des schwachen heißen Kaffee's und hitziger Getränke. Die große mit vieler Körperbewegung verbundene Arbeitsamkeit aller hiesigen Volksklassen könnte, bey dieser Seltenheit der Hämorrhoiden, die Meinung für sich als Verhütungsmittel stimmen, allein das weibliche Geschlecht, welches ebenfalls fast dieselben häufigen Arbeiten wie die Männer verrichten muß, ist verhältnißmäßig ungleich mehr wie sie, jener Krankheit ausgesetzt, weil es sehr wenig oder gar keinen Wein trinkt, hingegen den genannten Gelegenheitsursachen und andern durch sie hervorgebrachten mit Hämorrhoiden verwandten Krankheiten, bey weitem häufiger unterworfen ist.

Eine gleiche Bewandniß hat es mit der Hypochondrie. Kommt sie einmal vor, so ist sie selten auf jene Disposition der Unterleibsorgane gebaut, sondern mehr psychisch, oder aus andern eingreifenden Ursachen entsprossen, welche eine Intemperatur der Nervenvitalität erzeugen, der die fehlerhafte atonische Vegetation jener Organe alsdann meist secundär untergeordnet bleibt. Hypochondristen, welche in unsere Gegend kommen, oder Solchen, die eine Anlage zur Hypochondrie besitzen, bekommt der fortgesetzte mäßige, mitunter selbst der reichlichere Genuß des Moselweines vorzüglicher Jahrgänge außerordentlich wohl, oft besser als viele, wohl ganz passende Arzneyen.

Häufiger trifft man hingegen die Hysterie und Gemüthskrankheiten bey dem weiblichen Geschlechte an, welches sehr oft aus denselben Ursachen herzuleiten ist, welche wir bey den Hämorrhoiden angegeben haben.

Gicht und Podagra werden in unserer Gegend selten in genuiner Gestalt beobachtet. Einige Kranke habe ich jedoch daran leiden gesehen, welchen aber mancherley unmäßige Debauchen, besonders aber zu reichliche Diät im Essen und Trinken, bey Mangel an hinreichender Bewegung die Ursache dazu hergab. Absatz von phosphorsaurem Kalke an den Gelenken und andere Folgen starker Gichtanfälle fehlten immer bey der gelinder wie gewöhnlich verlaufenden Krankheit dieser Individuen. Rheumatismen hingegen entstehen sehr häufig an der Mosel.

Mit dieser Erfahrung stimmt die meiner ältern Collegen genau überein. Sie widerspricht der Behauptung Ritters, welcher bey längerem Aufenthalte an der Mosel, besonders von den Klostergeistlichen, viele

Klagen über Podagra gehört haben will, nur insofern nicht, als jene Herren, wie es der noch lebendige Nachruhm verlautet, nicht allein den Wein unmäßig genossen, sondern auch durch viele andere gleichzeitige, und vielleicht noch stärkere Gelegenheits-Ursachen der Gicht Veranlassung gegeben haben sollen, sie in ihren Klöstern zu besuchen. Ein gleiches Bewenden mag es mit derjenigen haben, wodurch Ritter darzuthun sich bemüht, daß er auch außerhalb der Moselgegenden auf Podagristen gestoßen sey, die vielen Moselwein tranken.

Hingegen führe ich noch außer der von Richter erwähnten Stelle, die Erfahrungen von Friedrich Hofmann über den Moselwein an *): De Mosellanis illud notari velim, quod ob temperaturam acidi et spirituosi principii, copiamque aquae, pura sint, suavia tenuia tamen, et quae celeriter petant vesicam, hinc calculosis et podagricis valde appropriata existunt, dum horum effectuum elementum nempe tartarum egregie ex sanguine eliminant. Dieser Ausspruch wird durch die von uns angegebenen Thatsachen ganz bestätigt, obgleich wir die, der damaligen Zeit und seinem Systeme gemäße Vorstellungsart von der Wirkungsweise des Moselweines nicht zu der unsrigen machen wollen.

Aus gleichem Gesichtspunkte muß denn auch die Stelle Zimmermanns **) beachtet werden, in welcher er referirt: « Der Moselwein soll weniger Weinstein haben als der Rheinwein, aber denselben meistens behalten, und sehr leicht das Podagra erwecken. »

---

*) Opera omnia physico-medica T. V. p. 344. XXIII. Genev. 1748.

**) A. a. O. S. 308.

Das Blutbrechen ist eine an der Mosel sehr seltene Krankheit, und mir hierselbst noch nicht aufgestoßen.

Was wirkt der Moselwein in den genannten Krankheiten?

Als sehr angenehmes, vortreffliches Diureticum strengt er die Thätigkeit der Lebenskraft in den Nieren an, leitet sie dadurch auch von andern Theilen ab, befördert überall im Körper die Resorption durch die Saugadern, hebt die Schwäche der Harnwerkzeuge, welche sie vorzüglich zu krankhaften Absonderungen geneigt macht, und bewirkt so die Ausscheidung des Grießes und mancherley Stoffe durch den Urin, welche im Körper zurückgehalten, zu vielen Krankheiten Anlaß geben können.

Die Ausscheidungen, welche hier vorzüglich in Betracht kommen, sind:

1) Diejenige des Stickstoffs in den Nieren, welche für den Körper so wichtig wie die des Kohlenstoffs in den Lungen ist; denn er bildet größtentheils den Harnstoff (uricum, urée), der sich in seiner Menge zu allen andern im Urine befindlichen Stoffen wie 19 zu 20 verhält, und aus prädominirendem, fast concret gewordenen Stickstoffe besteht.

2) Die Ausscheidung der Harnsäure, welche allein, oder in Verbindung mit Ammonium, die häufigste Gattung von Blasensteinen erzeugt, welche bräunlich holzfarben und röthlich aussehen, und durch Kalilauge aufgelöst werden können.

3) Die Ausscheidung der phosphorsauren Kalien und Erden, wodurch besonders die Erzeugung derjenigen Harnsteine verhindert wird, welche aus

phosphorsaurer Kalk- oder Talkerde bestehen, wie Milchkaffee aussehen, und durch verdünnte Salzsäure sich auflösen lassen.

Der Moselwein scheint aber diese, so wie noch viele andere Stoffe nicht allan als harntreibendes Mittel blos auszuleeren, sondern auch selbst, und zwar hauptsächlich ihre krankhafte Erzeugung in der Säftemasse zu verhindern; denn wenn der Ausbruch der Gicht in sehr vielen oder gar den meisten Fällen durch jene krankhafte Disposition des Körpers bedingt wird, in welcher bey oder durch Atonie der Verdauungsorgane die phosphorsauren Stoffe, welche man gewöhnlich im Harne findet, im Ueberschuß im Organismus erzeugt und dem Blute beygemischt, nicht aber durch die gewöhnlichen Colatorien, Haut und Nieren ausgeleert, sondern meist nach den Gelenken oder auch nach andern Organen hingeleitet werden, wo sie oft bleibende Gichtconcremente bilden, welche nach den chemischen Untersuchungen von Foucroy und Bertholet aus denselben Bestandtheilen wie jene zusammengesetzt sind, bey welchem Processe die phosphorhaltigen Harnstoffe im Harne fehlen, und nach seiner Beendigung wieder darin zum Vorschein kommen, so wird die Präexistenz oder vielmehr die Erzeugung derselben im Blute wahrscheinlicher *), und es findet alsdann allerdings eine Analogie in der Anlage zur Gicht und der zu Harnsteinen Statt. Diese offenbart sich selbst in vielen Ursachen dieser beyden Krankheiten, indem sehr viele saure Speisen und Getränke, als schlechtes saures Bier, sehr

*) Für diese Meinung spricht noch besonders das, obgleich seltene Vorkommen des Eisens, der Milch rc. im Urine.

saure Weine, Aepfelwein, aber auch schwere, rothe, südliche sehr geistige und zuckerreiche Weine und manche andere Dinge, welche jene krankhafte Disposition des Unterleibes hervorrufen, die Erzeugung der Harnsäure und der Gicht besonders im reifern Alter begünstigen. Selbst im kindlichen Alter giebt es bey einem fehlerhaften Reproductionsprocesse im ganzen Organismus, wobey besonders die Verdauungsorgane leiden, und mit steter Säure überladen sind, eine Neigung zur vermehrten Erzeugung der phosphorsauren Bestandtheile im Harne, wodurch dieselben den Knochen entzogen und diese daher erweicht werden, wie es oft bey der Rachitis, also umgekehrt wie bey der Gicht der Fall ist. Auch finden sich vielleicht aus denselben Ursachen bey Kindern häufiger Harnsteine, wie bey Erwachsenen.

Wahrscheinlich wirkt der Moselwein auf eine mannigfaltige Weise, die in seiner Totalmischung begründet ist, wie jeder aus vielerley heterogenen Bestandtheilen zusammengesetzter Arzneystoff. Als Diureticum schon allein betrachtet, beschränkt er die Neigung zur alkalescirenden und faulichten Entmischung im Blute durch vermehrte Harnsecretion, gleicht mittelst derselben viele Störungen des rechten Verhältnisses in den Bestandtheilen des Blutes aus, scheidet aus demselben fremdartige Stoffe ab und bedingt mittelbar das Verhältniß anderer Secretionen, besonders die der Haut, der Leber und des Darmkanales. Daß aber die verstärkte Harnabsonderung zur vortheilhaften Veränderung der Blutmischung durch Entziehung gewisser Bestandtheile wirken müsse, zeigen nicht allein bestimmte sinnliche Eigenschaften des Urins, die Farbe, der Geruch, der verschiedenartige Bodensatz, die Consistenz und andere durch die chemische Analyse aufgefundene Momente, sondern auch die veränderten Thätigkeiten der Se- und Excretionsorgane und der Resorption. Allein wirkt er nicht auch durch seinen geistigen Bestandtheil allgemein stärkend auf den Körper, und auf die Unterleibsorgane insbesondere, vorzüglich auf diejenigen, welche den wichtigsten Secretionen vorstehen? Kann sein Antheil von Salzen in der Weinverbindung außer der diuretischen Kraft nicht noch vortheilhafter, wie außer ihr zur Auflösung und Ausscheidung vieler im Unterleibe steckenden und krankhaft veränderten Materien beytragen, die Mischung verbessern? sein Gehalt an Kohlensäure in derselben Verbindung durch ihren gelinden, specifischen Reiz auf Irritabilität und Sensibilität, und ihren Einfluß auf Verbesserung krankhafter Mischungsverhältnisse im Reproductionssysteme, vorzüglich auch durch die Ausscheidung der im Körper erzeugten thierischen Säuren wesentlich nützen? — Sein Gehalt an Kohlensäure ist aber zu gering, als daß er größtentheils durch sie, wie der Champagner, nach Art der Säuerlinge unter den mineralischen Wassern wirken könne.

Bey solchen, welche eine Anlage zur materiellen sowohl als immateriellen Hypochondrie haben, und vom Genuß des alten Moselweines keine besonders gute Wirkung mehr auf die in jener Krankheit sich einfindenden krankhaften, körperlichen Gefühle empfinden, bewährt sich der junge Wein guter Jahrgänge öfters als ein vortreffliches Erheiterungsmittel, welches den reizlosen, erschlafften Zustand der Verdauungsorgane und alle Se- und Excretionen von Neuem belebt, und die vortheilhafteste Umstimmung des Gesammtzustandes bewerkstelligt. — Hier darf aber der Magensaft noch keine saure Entartung eingegangen haben, welche sich durch sauer schmeckendes und riechendes Aufstoßen und Pyrosis verkündigt.

In diesen Fällen sowohl, wie auch in den früher angegebenen ist immer zu berücksichtigen, daß der Moselwein seine Kräfte ganz früh entwickelt, d. h. sehr bald reif wird, also der ärztlichen Empfehlung: daß der Wein, welcher hier oft heilsam, manchmal selbst unentbehrlich wird, immer alt und kräftig seyn müsse, gar nicht in den Weg tritt.

In denjenigen Arten von Wassersucht, welchen jene früher genannte Disposition der Organe des Unterleibes zu Grunde liegt, und eine Schwäche und Unthätigkeit des ganzen lymphatischen Gefäßsystems erzeugt, wodurch die serösen Erhalationen auf Kosten der Harnabsonderung überwiegend werden, so wie auch bey denjenigen Wassersuchten, welche durch stark einwirkende und allgemein anhaltende schwächende Potenzen ihren Ursprung erhielten, giebt der Moselwein ein sehr kräftiges Hülfsmittel ab. Er bewirkt hier nicht allein als Diureticum die Verstärkung der Harnabsonderung, besonders die Ausscheidung des Eyweißstoffes durch dieselbe, welcher in vielen Arten der Wassersucht größtentheils im Harne fehlt, hingegen in den Wasseransammlungen im Körper häufig gefunden wird, so wie auch der Harnsäure, deren Erzeugung in manchen Wassersuchten sehr groß ist, sondern trägt auch zur Aufhebung der großen Atonie des Lymphgefäßsystems kräftig bey, wirkt gegen die ihr zu Grund liegende, oder aus ihr sich herleitende wäßrige Beschaffenheit der Säfte und Schärfen, welche in der Blutmasse entstehen, und gegen die Entartung der Chylification.

Diese Arten von allgemeiner oder Bauchwassersucht, auch die aus ähnlichen Ursachen entspringende Brustwassersucht pflegen, im Vergleich mit andern Gegenden, in der unsrigen weit seltener zu erscheinen, wozu der Genuß des Moselweines unter allen Volksclassen gewiß nicht wenig beyträgt.

Während meiner Praxis an der Mosel ist mir noch keine Wassersucht der Art vorgekommen, und nur in einer kleinen Anzahl von Wassersuchten durch krankhafte Eingeweide des Unterleibes, besonders Anschwellungen der Leber entstanden, habe ich Gelegenheit gefunden, den Moselwein für sich allein, und in Verbindung mit einem kohlensauren Mineralwasser mit vielem Nutzen nebenher in Anwendung zu bringen, obgleich er hier meist nur als Palliativ- und Stärkungsmittel betrachtet werden konnte.

Noch muß ich hier einer Krankheitsform erwähnen, welche in unsern Gegenden, wo der Moselwein allgemein genossen wird, fast nie vorkommt, und sich wieder darin verliert, wenn der Moselanwohner, der in benachbarten Ländern davon befallen wurde, mit ihr zur Heimath zurückkehrt. Ich meine das Wechselfieber, welches manche alte Aerzte an der Mosel nie gesehen haben. Obgleich wohl noch andere endemische Verhältnisse dem Entstehen dieses Uebels vorbauen können, wie der allgemeine Weingenuß, auch in denjenigen Gegenden, wo die Lungenschwindsucht, wie bey uns, sehr häufig zu Hause ist, das Wechselfieber seltener zu entstehen pflegt *), so muß man sich doch über die gänz-

---

*) S. W. C. Well Bemerkungen über Lungensucht und Wechselfieber, besonders insofern sie einander entgegen ge-

liche Abwesenheit desselben in unsern Orten, welche zwar trocken, doch in tiefen Thälern, die von hohen Bergen, und oft von hohen Wäldern eingeschlossen sind, und an einem Flusse, der sehr oft weit aus seinem Bette tritt, um so mehr verwundern, als es unter fast gleichen Verhältnissen am Rheine nicht so gar selten erscheint, und allerdings eine günstige Meinung von einem guten Einfluß unseres Moselweines zur Verhütung jener Krankheit fassen, obgleich die Erklärungsart desselben eben so schwer zu erforschen seyn möchte, als es die nächste Ursache des Wechselfiebers und die Wirkungsweise der dagegen empfohlenen Arzneyen selbst ist. — Sollte nicht der Reichthum an Harnsäure im Urin, der, im kritischen Stadium des Paroxismus gelassen, bald ein ziegelmehlartiges Sediment bildet, eine Andeutung geben, daß unser Wein neben seiner belebenden und stärkenden Kraft, auch zur Verhütung einer bey manchem Wechselfieber vorgehender eigenthümlichen Mischungsveränderung beytragen könne?

Dies sind nun im Allgemeinen diejenigen krankhaften Zustände, bey welchen der Moselwein etwas Eigenthümliches in seiner Wirkung zu haben scheint, welche andere mit ihm näher verwandte Weine nicht, oder zum Theil doch nur in geringerem Maaße und oft in Verbindung mit ungünstigen Nebeneigenschaften besitzen. Die Beobachtungen hierüber, aus welchen wohl eine große Uebereinstimmung unter sich sowohl, als auch mit frühern Erfahrungen anderer Aerzte unverkennbar hervorgeht, sind treu aus der Natur entnommen. Ich

setzt sind ꝛc. Mitgetheilt von Nasse in Horn's, Nasse's und Henke's Archiv für medic. Erfahr. 1818. Sept. Oct. S. 241.

glaube mit Aufrichtigkeit und ohne günstiges Vorurtheil, was und wie ich beobachtet habe, erzählt zu haben, damit andere, welche diesem Gegenstande ihre Aufmerksamkeit, deren er doch gewiß werth ist, schenken wollen, noch weiter dringen, und allenfalls meine Fehler verbessern können, indem sich ihnen mehr Gelegenheit, wie mir, zur weitern Erforschung und Berichtigung der angegebenen Resultate, besonders in denjenigen Gegenden darbietet, wo jene Krankheiten sehr häufig zu erscheinen pflegen, in welchen der Gebrauch unseres Weines empfohlen ist. Meine Erfahrungen über die Wirksamkeit desselben in den genannten chronischen Krankheiten reichen nicht zu, um ihn auf die Weise empfehlen zu können, wie der Arzt ein Mittel lobt, mit dem er lange experimentirt, und seine richtig erkannten Wirkungen durch große Erfahrung bewährt hat. Hauptsächlich aber will ich das Verhältniß andeuten, in welchem der unter allen Volksclassen unserer Gegend verbreitete Weingenuß zu gewissen wichtigen Krankheiten steht, welche hier auffallend seltener oder gar nicht, in andern Gegenden aber, wo jener Einfluß wegfällt, sehr häufig vorkommen, was an und für sich schon einer wichtigen Betrachtung werth ist, aber auch noch durch die vorhandenen Erfahrungen größtentheils bestätigt wird.

Möge daher der Moselwein in Zukunft mehr als Heilmittel in den genannten Krankheiten beachtet werden, und seine Anwendung finden, die er vielleicht mehr, wie irgend ein anderer Wein verdient. Als ein gelind wirkendes Mittel wird er bey ausgebildetem Zustande mancher dieser Krankheiten wohl nie sehr viel leisten, noch weniger sie ganz allein heben, kann selbst sehr oft wichtige Gegenanzeigen finden, welche seinen

Gebrauch sehr beschränken oder als schädlich gänzlich verbieten, allein bey geregeltem mäßigen Genusse kann er der hauptsächlich auf Asthenie beruhenden Anlage zu denselben, vortheilhaft entgegen wirken, zur Beseitigung einer schon vorhandenen Disposition ein mächtiges Hülfsmittel werden, in manchen Fällen der Krankheit vielleicht ganz allein helfen.

Auch zum therapeutischen Gebrauche werden die Moselweine früh geschickt, und wirken durch ihre lebendigen jugendlichen Kräfte am vortheilhaftesten. Sie können alle angewendet werden, sobald sie die Periode ihrer vollständigen Entwickelung zurückgelegt haben.

Je nachdem man es mehr mit einem asthenischen Zustande höherer Art zu thun hat, wähle man die bessern Sorten der ersten Classen, ist dieser nicht sehr beträchtlich, die leichtern mehr säuerlichen Weine aus denselben und der letzten Classe. Die Art ihrer Anwendung in krankhaften Zuständen bleibt, so lange sie noch nicht durch hinlänglich sichere Verfahrungsweisen im Besondern ausgemittelt ist, dem umsichtigen Arzte überlassen, der sie jedesmal allein oder in Verbindung mit andern Heilmitteln auch in ihrer Besonderheit der Individualität des Falles anzupassen trachtet.

Vom Weinhandel an der Mosel.

Wenn wir durch Ausonius schon wissen, daß die Gebürge der Mosel zu seiner Zeit größtentheils mit Reben überzogen waren, so muß der Moselwein schon damals in den Handel gekommen seyn, indem er in einer im Lande selbst nicht zu verzehrenden Menge wuchs. Von jeher machte er daher den wesentlichsten Theil des Handels an der Mosel aus, und bleibt in unserer Zeit die unversiegbare Quelle des Wohlstandes im Lande, indem alle an der Mosel gelegene Orte ohne Ausnahme sich größtentheils mit Rebenpflanzungen beschäftigen.

Der größte Theil des Moselweines gieng immer unmittelbar nach Holland und die Niederlande; aber auch aus England kamen ehedem, besonders im siebenzehnten Jahrhundert die Käufer sehr häufig an die Mosel, um ganze Schiffsladungen von Wein einzunehmen. In Holland allein wurde die unermeßliche Menge von Moselwein nicht verbraucht, sondern auch große Quantitäten desselben nach beyden Indien versendet.

Auch jetzt breitet sich noch der directe Weinhandel größtentheils in die Niederlande aus, weniger werden sie mittelbar durch die großen Stapelplätze des Moselweines Trier und Cölln, damit versorgt.

Die Art des Handelsactes hatte nach den verschiedenen Zeitaltern auch immer etwas Eigenthümliches. Vor ohngefähr anderthalb bis zweyhundert Jahren kam meistens ein Verein von fremden Weinhändlern an die Mosel, um Wein zu kaufen. In denjenigen Orten, deren Wachsthum der Gegenstand ihres Kaufs werden sollte, wurde alsbald die Gemeinde durch die Glocke auf das Gemeindehaus beschieden, und unter dem Vorsitz und der Vermittlung der Ortsobrigkeiten nun nach der Prüfung der von jedem Verkaufslustigen herbeygebrachten Weinproben um einen allgemeinen Preiß, zu dessen Feststellung man gegenseitig übereinkam, der Wein in Masse verkauft; doch konnte derjenige welchem dieser nicht anständig war, seinen Wein behalten, so wie auch die Weine geringer Güte von diesem Handel ausgeschlossen werden durften. Hierbey fanden sich denn auch gewöhnlich die inländischen Weinhändler ein, um für sich selbst, oder in Commission Anderer Theil an jenen Verhandlungen zu nehmen *). Dieser Gebrauch ist heutzutage abgekommen, und man kauft jetzt den Wein meistens bey jedem einzelnen Eigenthümer selbst auf folgende Art:

*) Als ein Andenken an diese Zusammenkünfte hinterließen die fremden Kaufleute, besonders die von Antwerpen und Achen, in den Fenstern des Erkers im Rathhause zu Traben, wo sie ihren Platz einzunehmen pflegten, verschiedene einzelne Scenen alter biblischer Historien vorstellende Glasmalereyen, worüber ihr Familienwappen nebst untergesetztem Namen und Jahrzahl (meist von 1653) prangten. Ueber jedem dieser Wappen schweben zwey Engel, deren einer eine dampfende holländische Pfeife, der andere aber ein gefülltes Glas in der Hand hält, und deuten gleichsam an, was bey jenem Handelsact gebräuchlich war.

Nachdem man die Weinprobe am Faß genommen hat, und wegen des Preißes übereingekommen ist, bekommt der Verkäufer einiges Geld auf den Kauf, das Faß wird zugemacht d. h. versiegelt, und liegt nun möglicher Unglücksfälle halber für Rechnung und Gefahr des Käufers. Der Verkäufer ist verpflichtet, den Wein noch sechs Wochen im Keller zu behalten, und kann die volle Bezahlung desselben vor dieser Zeit nicht fordern; folgt diese nach derselben nicht, so ist der Handel ungültig, und dem Verkäufer fällt der Wein sammt dem Aufgelde wieder anheim, der jedoch, sobald er durch Zeugen unterstützt wird, Entschädigung fordern kann; der unredliche Käufer aber büßt für immer seinen guten Ruf ein.

Ehedem befand sich der Weinhandel mehr in den Händen der eigentlichen Weinhändler, zu unserer Zeit hingegen beschäftigt sich mit ihm sowohl der Kaufmann, der Eigenthümer, als auch jeder andere Kapitalist, der Lust hat sich damit zu befassen. Obgleich diese Allgemeinheit des Weinhandels, wie Ritter sehr wahr bemerkt, in andern Weinländern wegen Schmiererey und sonstiger Verfälschung eben nicht gut zu heißen ist, so bleibt sie dennoch an der Obermosel, deren Weine, wie wir wissen, ohne totale Verderbniß nicht verfälscht werden können, ziemlich gleichgültig; nur kann man

---

Unter diesen Gemälden zeichnet sich besonders eins aus, die Judith vorstellend, wie sie eben im Begriff ist, das abgeschlagene Haupt des Holofernes in den Sack zu werfen, den ihre Dienerin ihr offen entgegenhält. Neben das Zelt des Heerführers hat der Künstler eine Batterie mit Kanonen gepflanzt, welche gegen das im Hintergrunde gelegene Bethulia gerichtet sind!

den Wunsch nicht unterdrücken, daß der rechtliche Verkäufer seinem Weine immer den rechten Geburtsnamen in's Ausland mitgeben möge. In dieser Beziehung gewinnen denn immer diejenigen Handlungshäuser, welchen daran gelegen seyn muß, ihren alten vortheilhaften Ruf fortdauernd zu bewähren, oder einen solchen zu erwerben, den Vorzug vor denjenigen Leuten, deren stetes Geschäft der Weinhandel nicht ausmacht, indem sie nur zu oft blos auf augenblicklichen Gewinn bedacht sind.

Die Preiße des Moselweines sind nach Jahrgang, Gewächs, dem Vorrath desselben im Lande, sehr verschieden, rücken aber nach und nach, jemehr der Anbau der Weinberge vervollkommnet wird, hierin, wie billig dem geraden Verhältniß zum Rheinweine immer näher, welches besonders die zwey letzten guten Jahrgänge 1818 und 1819 beweisen

Die Weine von den Jahren 1811 und 1815 sind fast nicht mehr an der Mosel zu haben. Wir setzen daher die Preiße derjenigen von 1818 und 1819 hieher.

Wenn im Allgemeinen der Wein aus dem Braunenberge vom Jahr 1819 zu 8/8 bezahlt wird, so verhalten sich die Weine von Pisport, Zeltingen, Wehlen und Graach wie 7/8; von Winterich, Minheim, Thron, Uerzig, Lösenich, Traben, Bernkastell wie 6/8; von Cus, Lieser, Neumagen, Trarbach, Wolf, Enkirch, Kinheim, Croeff, Burg, Tritenheim, Kesten wie 11/16.

Oder besser: Da es, wie wir wissen, in manchen Lagen der zweiten und dritten Classe Weine giebt, welche denen aus der ersten an Güte beykommen, so steht das Fuder (900 Preuß. Quart) Moselwein überhaupt im Preiße wie folgt:

	vom Jahr 1819,		vom Jahr 1818,
Erster Qualität	400 — 450	— — —	350 — 375
mittlerer —	275 — 350	— — —	175 — 250
geringerer —	225 — 250	— — —	140 — 160

Reichsthaler im 24 fl. Fuß.

Einzelne Lagen machen jedoch ebenfalls eine Ausnahme hiervon, indem sie über den höchsten der angegebenen Preiße bezahlt werden. Gleichermaßen gerathen in manchen Jahrgängen die Weine mancher Orte der letzteren Classen so gut, daß sie auch im Allgemeinen höhere Preiße als die der ersten erreichen können.

Erratum. Pag. 7. Zeile 6 von unten l. statt südl. Länge — östliche Länge.

Gedruckt mit Büschler'schen Schriften.

FSC
www.fsc.org
MIX
Papier | Fördert
gute Waldnutzung
FSC® C083411

Zeitfracht Medien GmbH
Ferdinand-Jühlke-Straße 7
99095 Erfurt, Deutschland
produktsicherheit@kolibri360.de